ФРУКТИ *проти* **ОВОЧІВ**

Відгуки про книжку

Радість для читача різного віку: мемчики, цікавезні факти для ерудитів та історії для розповідей за обідом на будь-який смак. Ця книжка, до речі, може вплинути і на ваш смак, і на смак того, що ви їсте. А потім ви захочете добавки — можливо, й овочевої страви, але точно — тексту від Олексія Коваленка.

Ольга Маслова,
кандидатка біологічних наук,
популяризаторка науки,
співзасновниця Nobilitet

Це абсолютний шедевр ботанічно-літературного мистецтва! Кожна сторінка насичена несподіваними фактами, добірними жартами з використанням рідних контекстів і шокуючими історіями із життя ягід, які не ягоди, і фруктів, які насправді овочі. Чуєте «Ботаніка — це нудно»? Кидайте в людину цю книжку й чекайте, коли вона почне засипати вас інформацією про генетичні аномалії цвітної капусти та кримінальне життя лимонів.

Артем Албул,
автор каналу «Клятий раціоналіст»

Олексій Коваленко

ФРУКТИ *проти* ОВОЧІВ

Чому кавун — не ягода, а томат — це фрукт

віхола

Київ · 2021

УДК 641.3:613.262](0.062)
К56

Коваленко Олексій

К56 Фрукти проти овочів. Чому кавун — не ягода, а томат — це фрукт / Олексій Коваленко. — К. : Віхола, 2021. — 224 с. — (Серія «Наукпоп»).

ISBN 978-617-7960-06-4

Перці й помідори — не овочі. Гречка — горішок. Вишня — не ягода.

Усе своє життя, успішно проігнорувавши ботаніку, ми керуємося лише одним простим (і хибним) правилом: солодке — фрукт, а все решта — овочі. Насправді це так не працює. У книжці «Фрукти проти овочів» ботанік, музейник та автор блогу «Довколаботаніка» Олексій Коваленко розповість справжню історію продуктів, які ми щодня бачимо на кухні та в супермаркеті, а ще навчить відрізняти овоч від фрукта, горіх від горішка, а кавун від ягоди. У книжці Олексій пояснить, хто намагався лікувати огірками безпліддя та укуси скорпіонів, як салату приписали здібності впливати на чоловічу потенцію, звідки примандрував до нас буряк та як приготувати каштани в домашніх умовах і не рознести квартиру на шматки.

Перед вами — не збірник рецептів і навіть не підручник з ботаніки, книжка Олексія Коваленка — це реальна та дотепна історія найзвичайнісіньких овочів і фруктів: від особливостей їхньої ДНК та селекції до найдивніших міфів і кулінарних лайфхаків.

УДК 641.3:613.262](0.062)

ISBN 978-617-7960-06-4

Зміст

Вступ

Ну ти і фрукт! Чи все ж овоч?

Мало що на побутовому рівні викликає стільки суперечок, як класифікація фруктів та овочів. Це й не дивно, адже більшість людей на планеті періодично споживають обидва типи продуктів, а тому вважають себе експертами у кулінарії і ботаніці навіть без жодної робочої години за плитою чи визначником рослин.

Розрізненням фруктів та овочів періодично лякають дошкільнят під час вступу до дитсадка, із гаслом «Кавун — найбільша у світі ягода!» носиться півкраїни, стосовно того, що ж таке помідор, влаштовують судові засідання. Саме тому настав час у цих полум'яних, як післясмак хабанеро, дискусіях почути тоненький, пискливий голос ботаніка.

Відповідно до кулінарної класифікації фрукт — це будь-яка солодка частина рослини. Якщо чесно — це жахливе визначення. У такому разі ми отримаємо парадокс, що лимон — це овоч, а батат — це фрукт. Та навіть у межах одного виду можна наламати дров. Наприклад, яблуневих. Якщо користуватися прокрустовим ложем кулінарного визначення, треба Антонівку запроторювати до овочів, а Голден Делішес вдягати в майку фрукта. Ця система не працює, як не крути!

На просторах мережі мені неодноразово казали, що кулінарна класифікація дуже зручна для читання рецептів, адже можна вказати в інструкції до приготування щось на зразок «додайте 300 г будь-яких ягід і 50 г якихось горіхів».

Така от хитра дискримінація, щоб ви, не дай боже, не вкинули до випічки порізаний кабачок, хоча, якщо чесно, я не знаю жодної страви, де цей харизматичний представник гарбузових не замінив би ягоду чи інші фрукти. Якщо ж далі користуватися логікою кулінарної класифікації, то в 50 г якихось горіхів можуть входити «горіхи» кокосів і сейшель-

ської пальми (де один важить до 10 кг!) — непогана ідея, біжу по болгарку!

Здається, кулінарна класифікація — це так само зручно, як насипати гречки у кросівки і пробігти в них 10 кілометрів. От тільки тоді пошкодяться ступні, а коли спостерігаєш за принадами кулінарної класифікації, ллється кров з очей.

Іноді вважають, що з фруктів роблять варення й інші пундики, а от овочі — це основа суворого гарніру. Але ж можна зробити варення з моркви та потушкувати яблуко, а полуницю легко перетворити на гостру аджикоподібну пасту. Сучасна кулінарія давно лишила ту дискримінацію в минулому: будь ким завгодно та де завгодно, рослинний продукте!

У деяких випадках фруктами називають те, що росте на дереві чи кущі, а те, що дають однорічні

Перець, коли ти називаєш його овочем

рослини, кличуть овочами. Але тоді нам треба було б називати фруктами й листя дерев — навряд чи колись ви так пускалися берега.

Ще пікантнішою є етимологічна класифікація фруктів та овочів, адже з її погляду ці дві категорії відрізняються... Відрізняються...Тадам! Нічим! Словом «овоч» тривалий час в українській мові називали саме фрукти, а те, що ми зараз іменуємо овочами, називали «городиною». Проте мова як живий організм постійно зазнає мутацій (змін), деякі з яких перевертають значення слова догори дригом, наче я свою чашку кави після цілодобової правки тексту. Так і овочі втратили свій фруктовий «корінь», якщо не вірите — влаштуйте опитування поблизу найближчої виборчої дільниці! А класифікація «садовина»/ «городина» працює як господарська, якщо у вас є два окремих льохи — один для плодів з городу, інший — із саду. Буряки й моркву тоді на пташиних правах вегетативних частин рослин доведеться викинути, а куди подіти огірки, які своїм пагоном оповили вишні в саду, — запитайте за телефоном гарячої лінії прихильників цієї класифікації.

Єдина логічна система, яка існує для класифікації фруктів та овочів — ботанічна. Овочі — це вегетативні органи будь-якої рослини. Овочі можуть бути коренями (як морква й буряк), пагонами (як цибуля) та листями (як салат латук чи шпинат). Їстівні квіти і суцвіття — це теж овочі. А от те, що утворюється на рослині внаслідок запліднення, — це ще той фрукт. Англійські й латинські слова, що позначають фрукти та овочі, також мають суворі відповідники: vegetable — вегетативні частини, а fruit — плід.

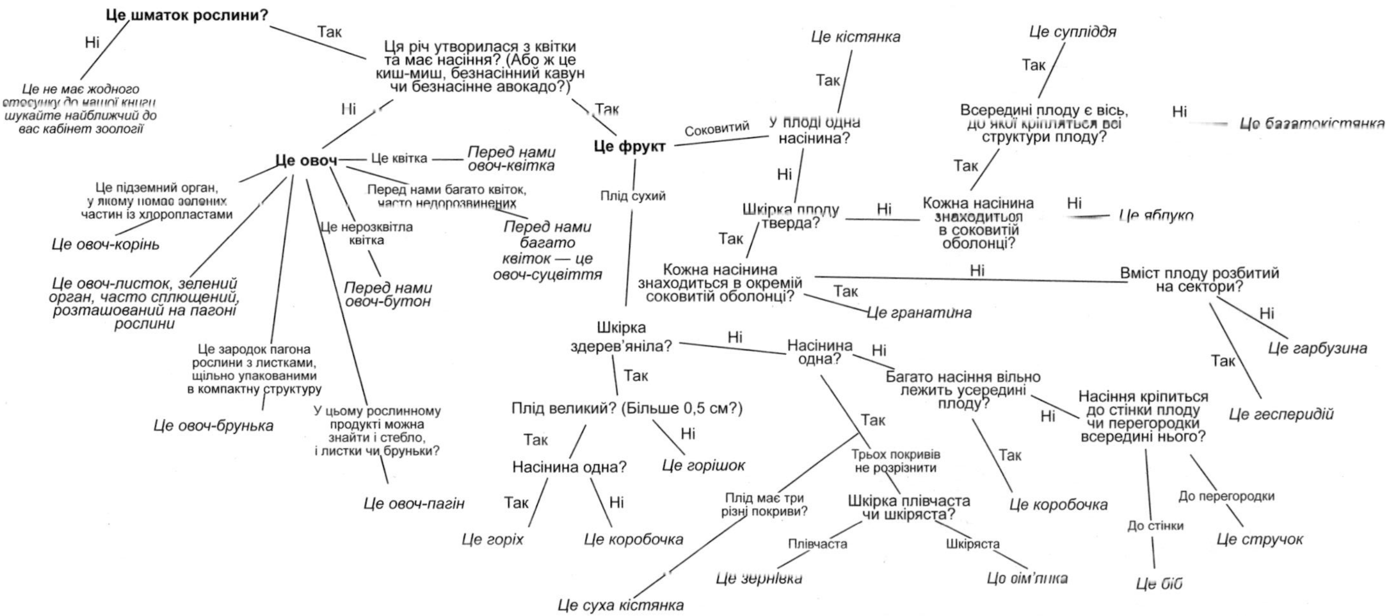

Це шматок рослини?
Ні
Це не має жодного стосунку до нашої книги шукайте найближчий до вас кабінет зоології
Так
Ця річ утворилася з квітки та має насіння? (Або ж це киш-миш, безнасінний кавун чи безнасінне авокадо?)
Ні
Це овоч
Це квітка
Перед нами овоч-квітка
Перед нами багато квіток, часто недорозвинених
Перед нами багато квіток — це овоч-суцвіття
Це нерозквітла квітка
Перед нами овоч-бутон
Це підземний орган, у якому немає зелених частин із хлоропластами
Це овоч-корінь
Це овоч-листок, зелений орган, часто сплющений, розташований на пагоні рослини
Це зародок пагона рослини з листками, щільно упакованими в компактну структуру
Це овоч-брунька
У цьому рослинному продукті можна знайти і стебло, і листки чи бруньки?
Це овоч-пагін
Так
Це фрукт
Соковитий
У плоді одна насінина?
Так
Це кістянка
Ні
Шкірка плоду тверда?
Так
Кожна насінина знаходиться в окремій соковитій оболонці?
Так
Це гранатина
Ні
Вміст плоду розбитий на сектори?
Ні
Це гарбузина
Так
Це гесперидій
Ні
Кожна насінина знаходиться в соковитій оболонці?
Ні
Це яблуко
Так
Всередині плоду є вісь, до якої кріпляться всі структури плоду?
Так
Це супліддя
Ні
Це багатокістянка
Плід сухий
Шкірка здерев'яніла?
Так
Плід великий? (Більше 0,5 см?)
Так
Насінина одна?
Так
Це горіх
Ні
Це коробочка
Ні
Це горішок
Ні
Насінина одна?
Так
Плід має три різні покриви?
Це суха кістянка
Трьох покривів не розрізнити
Шкірка плівчаста чи шкіряста?
Плівчаста
Це зернівка
Шкіряста
Це сім'янка
Ні
Багато насіння вільно лежить усередині плоду?
Так
Це коробочка
Ні
Насіння кріпиться до стінки плоду чи перегородки всередині нього?
До стінки
Це біб
До перегородки
Це стручок

Окрім того, у цій книжці ми вважатимемо фруктами і сухі плоди. Горішки гречки, зернівки рису, горіхи ліщини з ботанічного погляду такі самі фрукти, як і банани.

Варто також пам'ятати, що фрукт чи овоч — це не ознака всього біологічного виду. Якщо ви смажите квітку гарбуза, то їсте його овоч, а якщо тушкуєте плід — використовуєте його фрукт.

Але ідея нашої книжки не в тому, щоб припертися в монастир кухні з 12-ма томами «Флори України» й бінокуляром. Ця ботанічна подорож створена для того, щоб ви звернули увагу на звичні чи екзотичні компоненти обіднього столу. Адже похід на кухню цілком може стати екскурсією, детективом, захопливими мандрами в різні епохи та куточки земної кулі. Тому міцно тримайтеся за сторінки, потяг рушає. Наступна зупинка — станція «Овочі».

Частина перша

Сам ти овоч!

Хоч би як ви хотіли запихнути в цю частину книжки кабачок з баклажаном — вибачте, їм далі по коридору — другі двері зліва з написом «Фрукти». У цій частині ми займемося дискримінацією плодів і говоритимемо лише про інші їстівні органи рослин: від пронизливого погляду в корінь усіх речей до квітів — дітей життя.

Розділ 1

Овочі-корені

Корені дуже важливі для рослин. Ці органи зазвичай розміщуються під землею та мають надздібність необмежено рости (здається, під час карантину я теж отримав цю суперсилу). Вони допомагають рослинам триматися за землю, поглинати воду й розчинені в ній корисні мінеральні прибамбаси, а ще накопичувати на чорний день запас поживних речовин. Але часто до цих скарбничок дориваються вічно голодні люди — і тоді починається жахливий процес перетворення вегетативного органа на смачну страву. Стримуйте слину — попереду в нас багато смачного!

Що може бути трушнішим овочем, ніж **морква**? Ми споживаємо її коренеплід — переповнений поживними речовинами видозмінений корінь. Смачний, соковитий і солодкий — усе завдяки пригодам моркви на грядках, адже в її диких предків підземні органи годилися хіба що для ламання зубів.

Морква посівна (*Daucus sativa*) походить від моркви дикої (*Daucus carota*), яка має центральноазійську прописку (Iorizzo et al., 2013). Байки істориків і дані молекулярних досліджень підтверджують, що вперше ця рослина вступила до лав сільськогосподарських культур на території сучасних Ірану й Афганістану, тому морква не менш перcидська, ніж твій кіт.

Оскільки на зорі становлення сучасної людської цивілізації мало в кого були смаки настільки специфічні, щоб їсти дерев'яний корінь моркви, то вирощували її заради ароматних листочків і хрустких насінинок.

Можна покосплеїти предків і зараз: плоди додадуть пряної гостроти, а молоді листки цілком пристойно смакуватимуть у салаті. Але останній варіант не для всіх. Відомі випадки, коли шкіра чутливо реагувала на контакт зі свіжим листям.

Проте вже в I столітті люди насолоджувалися коренями. Саме в цей час Діоскорид у своїй фармакопеї (Juliana Anicia Codex, 525) намалював три різновиди цього овоча й навіть запропонував два найпопулярніші рецепти (записуйте та не переплутайте інгредієнти) — їсти моркву сирою або зварити. Вуаля! Смачного! З Діоскоридом готувати справді легко!

До Іспанії моркву притягли маври у VIII столітті (Krech, 2004). Вона була переважно пурпуровою через велику кількість антоціанів — природних барвників у складі. Такі самі коренеплоди споживали в Західній Азії, Індії та більшості країн Європи.

А от уже в XI столітті існувала й жовта морква (Dalby, 2003). Найзвичайнісінький її помаранчевий варіант виникне лише в XVII столітті. І про це є кра-

Шануй біорізноманіття.
Хоча б біорізноманіття моркви!

сива легенда: буцімто тут постаралися нідерландські селекціонери, щоб ушанувати свій прапор, який мав помаранчеву смужку вгорі. Але, як і в більшості порушених справ проти корупціонерів у нашій державі, тут бракує доказів.

Біла морква, яку теж іноді можна побачити на прилавках, — це моторошні мутанти, що втратили пігменти каротини й навіть здатність синтезувати вітамін Е. Суцільний жах для людей, котрі люблять шукати в овочах ліки від усіх хвороб!

А морква під їхній приціл потрапила давно. Можливо, і вас час від часу годували сотнею-другою кілограмів моркви заради покращення зору.

У цьому овочі і справді багато бета-каротину, трішки менше альфа- й гамма-каротину, лютеїну та зеаксантину, які частково можуть перетворюватися на вітамін А. Але так сталося, що це не надто допомагає боротися з вадами зору, хоч би хто — навіть з піною з рота — це стверджував (Office of Dietary…2008).

Кліщ цього міського міфа виник на теренах Британії. У повоєнний час було помічено, що курсанти льотних училищ отримують у посилках від рідних багато моркви, чорниць й іншого малопов'язаного із зором стафу. Виявляється, бойові успіхи британської авіації пояснювали не винайденням радарів і використанням червоного світла на панелі приладів, а Їхніми Величностями Фруктами та Овочами. Як ніколи не говорив Шарль де Голль: «Якби в мене був вагон моркви, то німецький солдат ніколи не топтав би французьку землю».

Копай заради перемоги! — британський постер часів Другої світової війни

Невеликі перебільшення продукувалися системою воєнної пропаганди у містичній програмі «Сади Перемоги». Для вирощування сільськогосподарських культур було задіяно всі вільні ділянки землі — від садиб і пустирів до полів для гольфу. Грядковий фронт зменшував тиск на систему постачання продуктів і переповнював гордістю фермерів за їхній внесок у спільну справу. Славетний британський постер «Копай заради перемоги» авторства Пітера Фрейзера зображав якраз чоловіка з вилами (ні, його звати не Олег) і коренеплодами моркви в обох руках.

Радіопрограми воєнного часу закликали гризти моркву повсякчас, готувати з неї варення й вултонський пиріг, названий на честь міністра продовольства, який усіляко популяризував цю страву.

Але насправді лише 3 % бета-каротину із сирої моркви вивільняється під час захопливої мандрівки через ваш кишково-шлунковий тракт (Hedrén et al., 2002). Якщо ж овоч готувати, особливо з олією, вдасться екстрагувати більше провітаміну А. Проте молитися моркві є сенс, лише коли йдеться про серйозну нестачу вітаміну А. Інакше ці хрусткі корінці не допоможуть побачити ні нижній рядок у кімнаті знущань окуліста, ні світле майбутнє й ренесанс української науки. Але вони все ж здатні трансформувати ваше тіло. Практикуйте неконтрольоване пожирання моркви — і вітаннячка: ви щасливий власник каротинемії та жовтої шкіри! Милота!

А що може бути українськішим овочем, ніж **буряк**? Та майже всі інші овочі, напевно! Як і решта крохмалистих ласощів на нашому столі, буряк — це зайда, що понаїхав із Середземномор'я. Дякуємо тобі за борщ, регіоне!

Але хоч процеси одомашнення буряка звичайного (*Beta vulgaris*) і не зачепили України, його дикий родич тут усе ж траплявся. Буряк морський (*Beta maritima*) відомий з 11 місцезнаходжень на території Криму (Єна, 2010). Окрім окупованого півострова, відомі також давні локації виду на морському побережжі поблизу річок Конка та Молочна (Шмальгаузен, 1897).

З питанням про те, чи природний в українській флорі це вид, чи результат давніх мандрівок рослин, можна прямувати просто до Гамлета.

Рештки буряків було знайдено серед пірамід Третьої династії єгипетських фараонів. На неолітичній стоянці Аартсувуд у Нідерландах відкопали чотири пересмажених буряки, але в такому стані неможливо сказати, це були одомашнені чи дикі рослини.

У VIII столітті до н. е. жителі Месопотамії, не маючи інстаграму й бажаючи поділитися зі світом тим, що вони харчуються крутими стравами, просто описали свій безцінний досвід поїдання буряка на виробах із глини (Hopf, Zohary, 2000).

Арістотель і Теофраст описують широке використання буряка, але давні греки знімали з нього самі вершки, вважаючи салатною рослиною. Листові буряки-мангольди відомі й зараз. Але вони ніяк не можуть оговтатися від нищівного удару, якого завдав їхній популярності шпинат. Той, увірвавшись на ринок, не лишив і каменя на гичці свого попередника й колеги по родині Щирицеві.

Коренеплоди буряка теж подекуди знаходили вжиток і місце в кишечнику людини в часи античності, але на перший план вони вийшли лише в суворе Середньовіччя. Звісно, коли у твоїх планах завалити дракона, влаштувати бенкет під час чуми чи змусити відректися науковця від своїх поглядів, то їсти салатики несолідно.

На терени сучасної України буряк приїхав із гастролями у X–XI століттях. У ті часи не розрізняли кормових і столових різновидів. До такого лиха докотяться лише в XVI–XVII століттях. Але й на цій харчовій нерівності не зупиняться.

Наша цивілізація давно планувала відростити собі солідні кендюхи, придбати карієс зубів і діабет другого типу. Цілеспрямовані пошуки чергової цукрової корівки привели до буряків.

Середина XVIII століття. Король Пруссії починає фінансувати експерименти над виділенням цукрів з рослин (Hill, Langer, 1991). Невдовзі Андреас Маггаф досяг перших успіхів. У 1747 році він видобув перші солодкі кристали з буряка та голосно заявив, що краще 1,3–1,6 % з місцевого буряка, ніж 18–21 % з тропічної цукрової тростини (Hanelt et al., 2001).

Цього було достатньо, щоб учні Маггафа кинулись на пошуки перспективних сортів по всіх довколишніх землях. У цукрових перегонах переміг Франц Ахард, який відшукав особливо солодку расу буряків у Німеччині. З неї вибрали особин з білими конічними коренеплодами. Можете пошукати такі на найближчій плантації, адже саме там зростають нащадки Білого Сілезького буряка, який мав почат-

Андреас Маґґраф — цукробуряковий татко

кову цукристість 6 %. Кількасот років маніпуляцій селекціонерів довели це значення до 19 % — цукрова тростина тремтить від жаху! Ще б пак! Частка тростинового цукру на світовому ринку впала з 95 % у 1840 році до 50 % у 1880-му. Щоправда, невдовзі хвиля хайпу за цукровими буряками впала.

Ми звикли до яскраво-червоного буряка, але столовий може бути і жовтий, і білий, і рожевий. За борщ із цих різновидів коренеплодів вас засміє бабуся, але хоч супи за кольором не дискримінуйте, ок?

Буряки вирішили не прямувати за мейнстрімними течіями і трішечки випендрилися за хімічною ознакою. Якщо в більшості фруктів та овочів пурпурове й червоне забарвлення утворюють антоціани, то буряки плюють на систему та користуються беталаїнами.

Червоно-фіолетовий колір, який тобі дуже подобається (так, ми стежимо за тобою, краще заклей фронталку на смартфоні) утворює дружня компанія бетаніну, ізо-, про- та необетаніну. Щоб не запам'ятовувати ці чотири хімічні прокляття, ще використовують спільний термін «бетаціанін». Якщо щодня жлуктити сам лишень борщ, є шанс поспостерігати за тим, як сеча стає червоною через беталаїни (Eastwood, Nyhlin, 1995). Будь ласка, лишіть цей трюк професійним каскадерам і не повторюйте його вдома.

На колір і смак товариш не всяк, але все ще буряк

Забарвлення від жовтого до помаранчевого викликають індикаксантин та вульгаксантин. Щоб не забути ці речовини, можете назвати так собак.

Розділ 2

Овочі-листки

Листки для рослин надзвичайно важливі. Саме вони найчастіше заробляють на хліб, а точніше на глюкозу, допомагаючи створювати запас енергії, щоб підлатати пробоїну у стеблі, виростити квітку чи підтримувати діяльність якогось хитромудрого циклу реакцій усередині тіла. Однак листя має ще одну чесноту. У деяких рослин воно дуже смачне.

Беззаперечним лідером з-поміж рослин з їстівним листям є **салат посівний**, або **латук** (*Lactuca sativa*).

На моєму балконі ця рослина звично приймає теплий душ із променів ранкової зорі. Крізь відчинене вікно легкий вітерець натирає їй спинку, як робив це в прадавніх ландшафтах Середземномор'я його неодомашненим античним предкам.

Першими латук почали вирощувати єгиптяни. Одразу їх цікавили не так листки, як переповнені олією насінини. Крім того, саме салат постійно малюють з місцевим богом Міном (Hart, George, 2005).

Якщо ви тільки вилізли з печери й поснідали стейком з волохатого носорога, то замалюйте вохрою наступне речення, аби його не прочитали ваші дітлахи (адже, сподіваюсь, ви не захом'ячите від них цю книжку?). Справа в тому, що єгиптяни щиро вважали, буцімто салат допомагає божеству здійснювати таїнство безперервного статевого акту. У дивних міфах цей магічний болотний мешканець проводив ніч щонайменше з 50 жінками. А ви бачили зображення цього бідосі, видовбане на стінах культових споруд? Невідомо, як салат за його, гм… бадьорості не став червонокнижним видом.

Коли переїв салату

Салат-латук тих часів не був крихіткою, а досягав 75 см у висоту, нагадуючи сучасний ромен, але на стероїдах. Саме це чудо давньої селекції на попутках дісталося Греції, а потім і Риму. Прославлений агроном Луцій Колумела вже в 50-х роках описує багато різновидів салату, деякі з них стали прадідами та прабабцями сучасних сортів (Weaver, 1997). У той час лише молоденькі листки їли сирими, а зрілі спокійно варили й потім наминали з олією та оцтом.

Ніжні, але хрумкі листки накопичують вітамін С, бета-каротин, вітаміни Е, В6, нікотинову, пантотенову й фолієву кислоти, біотин, рибофлавін, тіамін, як робили це в середні віки, коли культ цієї рослини почав свій хрестовий похід Європою. Багато травників того часу рекомендували і від бруду, і від вітру їсти салат (що не зробиш, аби не приймати кляту ванну). У 1586 році Йоахім Камерарій уже описав основні типи салату — у голівках, листовий і ромен.

Христофор Колумб здійснив доставку цієї культури до Америки (Subbarao, Koike, 2007), але все одно шаленіли від неї переважно в Європі. Особливо ентузіазмом прониклися нідерландці, які в XVI–XVIII століттях зробили кембрійський латуковий вибух нових форм цієї хрумкої рослини.

Довгий час салат сидів у золотій клітці локальних фермерів, бо, на відміну від картоплі чи буряків, довго свіжим його не збережеш. Проте коли винайшли вакуумне пакування, латук стало не спинити!

Сучасні продавці салату часто пудрять нам мізки, переназиваючи давно відомі сорти, щоб просувати нові бренди. Тому невідомо, скільки з 1100 назв різновидів латуку є справді окремими сортами.

Гусениця нашої цивілізації із задоволенням жере салат, як овоч, але не забуває і про інші химерні використання. Деякі форми спеціально вирощують для того, щоб робити безтютюнові цигарки, але заради таких збочень краще звертатися до диких родичів латукових.

Невблаганний час насичує клітини салату лактуцином. Ця гіркота ховається в молочному соці, який у висушеному стані називається «лактукарій». Така субстанція використовувалася як сурогат опію, що в Давньому Єгипті, що у США, що в цій клятій Російській імперії. Цікаво, що два великих дослідження у XX столітті показали: наркотична й терапевтична дія лактукарію сумнівна чи нульова, а діючі речовини в цій субстанції нестабільні й легко руйнуються (Fulton, 1944). Виробництво препаратів на основі молочного соку салату дуже впало, аж доки в 1960–1970-х хвиля впевненості хіпі в дії цього легального наркотика не повернула лактукарію минулої слави.

Які типи латуків вирощують зараз? Дістаємо блокнот та записуємо, бо їх цілісінький вагон.

Листковий латук (*Lactuca sativa var. secalina*) — найпоширеніша група, яку безжально шматують у салати, бо це реально зменшує кількість інших інгредієнтів страви.

Ромен (*Lactuca sativa* L. var. *longifolia*) — салат, що зростає у формі високої та нещільної голівки листків. Бачиш такий — кидай його в сандвіч (бо хрумтить) та в салат, особливо в «Цезар» (якщо ти не Брут).

Те, що ти тут бачиш, лише верхівка Айсберга

Айсберг — ікона салатів США (його створили спеціально для вирощування в північних землях). Добре лежить, ніяк не пахне та ніяк не смакує, бо це вода водою і дрібка целюлози «для годиться».

Маслоголовець, або **Бостон** (*Lactuca sativa* var. *capitata*) — салат-колобок, який скрутив у нещільний клубочок апетитні солоденькі листочки. С-мммм-акота!

Селтук (*Lactuca sativa* var. *augustana*) — салат, у якого їдять переважно стебла, тому він у цьому підрозділі запрошений гість. Цих рослин-мутантів обожнюють китайці, які мають давню відразу до сирих листків і полюбляють добряче проварити овочі.

Олійні сорти — їх вирощують заради насінинок-жиртрестиків. У цих сортів вони значно більші й масніші. У вас теж з'явилася нав'язлива ідея заправити салат із салату олією із салату?

А де ж салати фрізе й радічіо? А ці два овочі насправді є цикоріями. Причому перший є салатним цикорієм, або ендивієм (*Cichorium endivia*), а червоні гіркуваті кульки радічіо формує різновид звичайного цикорію, або петрових батогів (*Cichorium intybus var. foliosum*).

Окрім кухні, салат здавна прагнуть використовувати в медицині. Єгиптяни вірили, що це афродизіак, римляни обома руками з ними погоджувалися, а нонконформісти греки, навпаки, вважали, що цей овоч спричинює імпотенцію. Останній міф породила історія про смерть античного персонажа Адоніса, якого богиня Афродіта поклала помирати на ліжку, вимощеному диким латуком. Це не завадило нічим не обґрунтованій забобоні протриматися у Британії як мінімум до XIX століття.

Іранці сподівалися на допомогу салату від тифу. Народність язидів із півночі Іраку досі не їсть латук з релігійних причин. Точні витоки потужної заборони на вживання салату невідомі, але це пов'язують і з масовими вбивствами язидів мусульманами, які відбулися на полях латуку у XVIII–XIX століттях, і з віруваннями, що в голівках салату живе темне божество, яке вони шанують.

Поселенці в Америці вірили, що якщо їсти латук, то можна вберегти себе від віспи. «Не все так однозначно!» — кажемо ми як переконані антилактукатори.

Серед розмаїття їстівних листків складно оминути увагою **шпинат городній** (*Spinacia oleracea*). Цей овоч обріс стереотипами, як маслини — якщо ти його любиш, то йди вже за своєю пенсією до Ощадбанку.

Потужна промокампанія від моряка Попая відгуляла обжинки, але все марно. Шпинат усе ж не мейнстрімний овоч, але й не андеграунд. Це радше зірка поп-естради минулого, готова очолити Аграрну партію (чи що там ще ці палеоселебритіз роблять?).

Коріння шпинату вперше впилося в багату на поживні речовини землю Персії. Саме тут і виник прообраз слова «шпинат», що означає «зелена рука».

Цей овоч спочатку торував шлях не на Захід, а на Схід. Уже в 647 році його фіксують у Китаї. Шпинат ніби знав, що в цій країні овочі-листя не їдять сирими, а варять, тому почувався тут в окропі, наче риба у воді. За два століття він дістався Сицилії. Ще кілька сотень років ця культура витра-

— Клас, трикутники на вечерю!

тила на завоювання смакових рецепторів і шлунків мешканців середземноморських країн. Особливо ці листочки подобались арабам, й Ібн-аль-Аввам у своєму трактаті назвав рослину «генералом серед зелені».

Уже в XIII столітті шпинат потрапляє в Німеччину. Причому тут зростала ще давня форма рослини з колючим насінням. Лише в 1552 році виникне форма з гладенькими насінинами (Rolland, J. L., Sherman, C., 2006), а сам шпинат перестане набирати гіркоту й виростати завбільшки з коноплі у відомій засівалці.

В Англію та Францію шпинат припхався в XIV столітті з Іспанії. Прийшов, побачив і переміг, адже навесні він швидко утворював листочки, а тому відірвати англійців чи французів від свіжої зелені можна було хіба що за вуха або заради чергової епічної заруби у воєнних конфліктах. Щоправда, французи лишалися фанами шпинату навіть під час Першої світової. Вони додавали до вина сік шпинату, який містить багато вітаміну К, з надією, що це якось покращить стан солдатів із сильними кровотечами.

Що ж стосується вмісту корисних речовин, шпинат — це справжнє джерело міфів і легенд Давньої Греції. Однак чого точно багато в овочі, то це води. Огірок хвилюється за свій титул найводянистішого продукту, адже у шпинаті цієї речовини аж 91 %. Тому й не дивно, що на решту речовин припадає рівно стільки, скільки наплакав найближчий до вас представник біологічного виду кіт свійський (*Felis catus*).

А міські міфи говорять, що у шпинаті просто зашкалює кількість заліза. Коли ця інформація потрапила до загалу, з рослини зробили культ. Продаж цієї культури в першій половині XX століття злетів до небес. «Більше не треба наколювати яблука цвяхом — можна їсти шпинат» — так і волали звідусіль рекламні банери, моряки в мультиках й інші спеціалісти з дієтології. Вони підкреслювали значущість своїх слів залізним аргументом, що у шпинаті цілих 35 мг заліза на 1000 г. Ну, з таким ніби й не посперечаєшся!

Але сперечатися вартувало, адже ця цифра завищена як мінімум у 10 разів. І це той випадок, коли один міський міф породив інший. Довгий час панувала думка, що під час першої публікації даних про вміст феруму німецькі вчені не в тому місці поставили кому (ну з ким не буває!). Так 3,5 мг на кг стали 35 мг. Насправді, тогочасна недосконала методологія додала залізних очок ~~Грифіндору~~ шпинату, а не стрибаюча з місця на місце кома, яка вправляла-

— Від шпинату в тебе будуть такі самі «банки»!

ся в рухах лише у вільних фантазіях Теренса Гамбліна (Engber, 2016). Постульований високий показник вмісту заліза буде приблизно правильним для сухого шпинату, але в такому разі доведеться з'їсти овоча не 100 г, а добрячий кілограм.

Саме ця помилка надула повітряну кульку популярності шпинату, яку носили вітри хайпу аж до 1981 року, доки цей міф не луснув від голки суворих фактів. Споживання листового овоча у світі після цього різко впало. Локальні культи лишились у США, де кілька міст у Техасі й Іллінойсі досі сперечаються за звання світової столиці шпинату, встановивши на площах міст харизматичного Попая. Але це ніяк не скасовує того, що якщо столиця шпинату й існує, то вона розміщується явно в Китаї: саме в цій країні вирощують 92 % цих овочів, а в Сполучених Штатах — менше 3 %.

Крім того, що концентрація заліза виявилася значно нижчою за очікувану, так шпинат — це ще і клятий скнара, який ним узагалі не хоче ділитись. Багато сполук оксалатів міцно тримають його при собі, а можуть ще й заграбастати твоє ферумне золотце під час своєї короткої відпустки в кишково-шлунковому тракті.

Оксалати загарбують й інший важливий хімічний елемент — кальцій. Ось чому в той час, коли навіть броколі готова віддати твоєму тілу 50 % свого кальцію, шпинат розщедрюється лише на 5 %. Плакали мої мрії стати, що Залізною Людиною, що Кальцієвою!

Розділ 3

Овочі-пагони

Пагін — один з основних вегетативних органів вищих рослин. До його складу входять і стебло, і листки, і навіть бруньки. Пагони рослин бувають різними. Іноді вони вкорочуються, наче бюджет на науку, а часом розростаються, мов затори в місті перед довгими вихідними. Іноді пагін настільки розлінюється, накачується крохмалем та огряднішає, що взагалі стає **картоплею** (*Solanum tuberosum*). І саме про неї ми поговоримо просто зараз.

Відсутність цієї рослини серед овочів-коренів дуже проста: хоч її бульби досить запашні — коренями в них і не пахне. Ця структура створюється з пагонів.

Картопля — не цариця полів, не їжа майбутнього, не учасниця модних переліків суперфудів, однак вона — третя за масштабами споживання сільськогосподарська культура на планеті. Це саме та рослина, яку обожнюють у закладах швидкого харчування, на затишних сімейних вечерях чи поряд з багаттям на природі.

Шлях картоплі до наших чотирикамерних сердець розпочався вже 10 000 років тому на теренах Південної Америки. Перші достеменні свідчення її вживання значно пізніші — їм усього 4500 років. Це й не дивно: картопля — сором'язлива пані, і її не так легко затягнути до складу археологічних решток. Та попри те що її бульби швидко гниють, вона все ж лишалася в предметах матеріальної культури тих епох. Корінні американці зображали цю рослину на кераміці (Salaman, 1985) у три способи: як овоч, як антропоморфне створіння з рисами картоплі чи як щось середнє між двома попередніми варіантами (такий собі Картопля-Мен з розширеного всесвіту Марвел).

Для жителів Андського плато картопля була найважливішим енергетичним ресурсом. З нею вироб-

ляли все, що заманеться: її пекли, варили й тушкували — але це вміють тепер робити навіть косплеєри з Європи. Інша справа — мутити papas secas. Хоч би щоб там уявив ваш розбещений мозок після прочитання назви, насправді цей продукт утворюється, коли після очищення, подрібнення йваріння картоплі ви дасте їй трішки побродити. Коли в студентському гуртожитку в нас не було холодильника, ми власне відтворювали цей рецепт давніх індіанців.

Записуйте ще один лайфхак для суворих часів, щоб зберігати улюблений овоч роками. Його пропонують жителі Болівії і Перу. Спершу треба викопати картоплю й лишити на ніч на полі (нічний мороз сковує бульби пагонового походження). Вранці її варто потоптати, щоб вийшла зайва вода. Процедуру повторюють кілька днів та отримують чорну сушену картоплю — чуньо.

Але якщо вкинути картоплини до крижаного потоку на кілька днів, то шкірка з них сповзає. Далі лишається висушити бульби на сонці — і морая готова! Словом, робити щось на кшталт пюре «Мівіна» люди навчилися давно! І чуньо, і мораю можна вкидати до супів й овочевих рагу, от тільки чорна сушена картопля хіба трішки гірчитиме.

До Європи картопля рухалася двома паралельними шляхами через Іспанію і Англію в XVI столітті. Спочатку її сприйняли гм… без особливого ентузіазму. Непосидючі європейці, які мандрували Південною Америкою, ставилися до неї з огидою. Дехто вважав, що картопля придатна лише для корінного населення. В Англії вона теж закріпилася спочатку лише в середовищі бідняків. Іспанці ж перевели на споживання бараболі свої численні армії в різних куточках планети. Вантажі з картоплею не так цікавили мародерів, як зерно. У Північній Європі картопля довго лишалася садовим овочем, який зростав куцими рядочками поміж дерев, у той час як лани широкополі були під диктатурою злаків.

Але Малий льодовиковий період XVI–XIX століть трохи охолодив зневагу чи навіть ненависть до картоплі. Єсли зернові давали мало врожаю, люди почали з радістю наминати і крохмалисті бульби. Надто, що французький лікар Антуан Пермантьє у трактаті 1774 року довів, що картопля дуже корисна. Король Людовик XVI і його двір з радістю піарили овоч, а королева Марія-Антуанетта навіть підкреслила модність свого бального плаття головним убором із квіток картоплі.

Уже в XIX столітті овоч стає головною їжею континенту, що дозволило годувати більше зайвих ротів, суттєво збільшити популяцію європейців і підготувати плацдарм для промислової революції у Британії.

Дядько Фрідріх-Комунізм-Це-Лиш-Теорія-Енгельс, пам'ятник якого звалили в моєму рідному місті, прирівнював картоплю до заліза через її роль у розвитку цивілізації. Надмірне захоплення картоплею та лютування гриба фітофтори викликали масштабний голод серед ірландців, спричинивши масові смерті й еміграцію населення.

Зараз існує понад 5000 сортів картоплі. Вони належать до 8–9 видів. Окрім того, ще десь 200 видів зростають у дикому стані й можуть утворювати гібриди з одомашненою бараболею.

Цариця всіх картопель — це вид паслін бульбистий (*Solanum tuberosum*). Він має 48 хромосом та 4 копії свого геному, тобто всі інструкції ДНК у його організмі мають 4 альтернативні версії (у нас з вами таких копій лише 2). Ці організми генетики називають тетраплоїдами. Існує також чотири диплоїдні види картопель (з двома копіями геному та 24 хромосомами): паслін вузькодольний (*S. stenotomum*), паслін фурейський (*S. phureja*), паслін кутасточашечковий (*S. goniocalyx*) і паслін аянурський (*S. ajanhuiri*). Є два триплоїдні види з трьома копіями геному та 36 хромосомами: паслін чаучійський (*S. chaucha*) і паслін Юзепчука (*S. juzepczukii*) — та навіть один пентаплоїдний вид (з 5 копіями та 60 хромосомами): паслін широкодольний (*S. curtilobum*).

Навіть найзвичайнісінька картопля виду паслін бульбистий представлена двома підвидами: *Solanum tuberosum* ssp. *andigena*, або картопля андська; *Solanum tuberosum* ssp. *tuberosum*, або картопля чилійська. Андська картопля, на відміну від чилійської, витримує суворі умови високогір'я. Але вже більш ніж століття селекція картоплі тупцяє на місці. Так, створюється безліч нових сортів, але прибутковість від їх вирощування на території США майже не зросла за останні 100 років. Тим часом кукурудза стабільно збільшує рентабельність зі швидкістю 1 % на рік (Duvick, D. N., 2005).

У чому ж причина? Генетичне покращення картоплі має безліч обмежень — і вкрай довгий час, потрібний, щоб виростити дорослу рослину з насінини, і наявність багатьох копій геному у складі кожної клітини), і зниження життєвості особин, отриманих від близькоспорідненого схрещування.

Учені завжди з надією дивилися в далечінь селекції та бачили вихід у схрещуванні ліній картоплі з двома копіями геномів. Але тут, як і з прагненням обмежити час на прочитання підручника з ботаніки, усе не так просто. Близькоспоріднені лінії найчастіше навідріз відмовляються займатися насіннєвим розмноженням.

Але нещодавно дослідники (Ye, M. et al., 2018) відрапортували про успіхи на цьому полі бою. Науковцям вдалося створити лінію диплоїдної картоплі, яка може самостійно відтворюватися. Цей прорив було здійснено за допомогою модної і потужної методики редагування генів CRISPR-Cas9. Її позичили в бактерій і тепер сплагіачені в мікробів молекулярні ножиці з успіхом використовують для перекроювання геномів живих істот. У картоплі за допомогою CRISPR-Cas9 відправили в нокаут фермент S-RNase, який перешкоджає близькоспорідненим схрещуванням у багатьох представників покритонасінних — і пасльонових, і шипшинових, і подорожникових. Цей фермент ще той мораліст!

Фермент S-RNase працює як специфічна клітинна отрута, що виводить з ладу пилок. Попередні дослідження на яблунях та помідорах показали, що якщо деактивувати S-RNase, то зникає і самонесумісність.

Тому вчені вимкнули цей ген у різних видів дикої картоплі — пасльону фурейського (*Solanum phureja*) й пасльону вузькодольного (*Solanum stenotomum*).

Так з'явилися лінії картоплі, які легко розмножуються, схрещуються та мають лише 2 копії геному. Вони мають стати значно легшим матеріалом для створення нових сортів і готові замінити сучасну тетраплоїдну картоплю. Це як скинути телефон до заводських налаштувань, коли він почав дуже «підвисати». І хоч у такому випадку попередні напрацювання з картоплею відсунули вбік, учені не сумніваються, що нові сорти матимуть не меншу врожайність.

Цей результат украй важливий для багатьох регіонів нашої планети. Департамент сільського господарства США, наприклад, не планує законодавчо регулювати рослини, сорти яких створено за допомогою технології редагування геному. Тоді ж як на території Європейського Союзу такі рослини підпадуть під категорію генетично модифікованих організмів (ГМО), хоча жодне чужорідне ДНК в їх організми введено не було.

Загалом генно-модифікована картопля стала жертвою стереотипів і панічного страху перед новими технологіями. Вирощування сорту New Leaf, у який пришпандьорили гени бактерії *Bacillus thuringiensis*, аби створити токсини проти поїдання колорадським жуком, було припинене, коли макдональдси й бургер кінги наклали анафему на такі дива біотехнологій. У той час як випущена на ринок ГМО-картопля не причетна до халеп зі здоров'ям людини, сорти, отримані традиційним способом, успішно робили такі капості.

Класика жанру — сорт Lenape, який з'явився в 1967 році для того, щоб робити ідеальні чипси (Koerth-Baker M., 2013). Його бульби мали низький вміст цукрів й багато сухих речовин. Але до цієї бочки несолодкого меду додали ложку отруйного дьогтю. Коли один селекціонер з Онтаріо двічі проблювався після прийому такої картоплі, її нарешті проаналізували на вміст глікоалкалоїдів соланіну та хакоїну. Вони є в усіх інших картоплях, особливо в зелених частинах рослин. Тому їсти позеленілу на балконі бараболю — це поганенька ідея, якщо ви, звичайно, не хочете очистити кишечник та познущатися над своїм організмом.

Якщо у звичайних сортах вміст глікоалкалоїдів був 3–18 мг на 100 г овоча, то в Lenape цей показник шкалив іноді до 35 мг на 100 г. Тому в 1970 році ця лінія попрямувала до Вальгали забутих сортів.

Цей овоч також причетний до одного поп-культурного явища. Компанія Hasbro в 1952 році створила кріпову іграшку Mr. Potato Head (Пан Картоплеголовець), і саме цей пластиково-овочевий жах став першою в історії лялькою, яку прорекламували по телебаченню.

Бульбу пагонового походження також увіковічнив Вінсент Ван Гог своїми «Їдцями картоплі». Сім'ю де Гроот, зображену на полотні, художник добре знав. Побачивши одного разу, як селяни зібралися за мізерною трапезою, Ван Гог вирішив перенести сюжет на полотно. Своєму братові Тео він потім написав:

> *У ній я намагався підкреслити, що ці люди поїдають картоплю при світлі лампи й тими самими руками, які простягають до страви, копали землю. Тож полотно говорить про важку працю і про те, що персонажі чесно заробили свою їжу. Я хотів показати зовсім інший спосіб життя, аніж той, який ведемо ми, цивілізовані люди. Тому мені не треба, щоб робота подобалася й кожен одразу ж захоплювався нею.*

Що ж, насолоджуйтеся картиною, а я, як нецивілізована людина, піду наверну мисочку картоплі на знак завершення чергового підрозділу цієї книж-

Вінсент Ван Гог. «Їдці картоплі»

ки. А по завершенні цього мистецько-кулінарного ритуалу напишу про один плаксивий овоч пагонового походження.

Досить рюмсати! Це ж всього-на-всього **цибуля**! Так, саме *Allium cepa L.*, ще одна неймовірна рослина, яка вишукано позбочувалася зі свого пагона, щоб ви мали на столі соковитий, хрумкий і гострий овоч.

Пагін пройшов процедуру вкорочення, до нього прикріпилися м'ясисті листки, у яких переважають не зелені трудяги хлоропласти, а білі тільця амілопласти, що хом'ячать крохмаль про запас.

Люди так довго вирощують цибулю, що сліди диких родичів стерлися ганчіркою часу зі шкільної дошки історії нашої цивілізації. У дикому стані вона невідома, але її дикі родичі зростають у Центральній Азії. Зокрема, найближчими до городньої

цибулі видами є цибуля Вавилова (*A. vavilovii*) й цибуля азаренська (*A. asarense*) з іранською пропискою. Але цибуля Вавилова настільки близька до нашої городньої, що чимало ботаніків навіть вважають її популяції здичавілими втікачами з культури.

Сліди споживання цибулі знайдено в рештках стоянок бронзової доби (5000 років до н. е.). Звісно, як не спокуситися таким вишуканим овочем з дивакуватим смаком і прокачаними скілами легкого транспортування та зберігання.

У Давньому Єгипті цибуля стала справжнім хітом. А як інакше? Кругла форма й концентричне розташування листочків у цибулині просто змушували визнати рослину символом вічного життя. Тому не дивно, що жерці втілили своє непереборне бажання й таки запхнули по цибулині в порожні очниці Рамзеса IV.

Власне, хоч цей овоч і щипає оченята, шпигати його до наших органів зору продовжували й у Римській імперії. Пліній Старший задокументував, що, окрім терапії очних недугів, ним намагалися лікувати безсоння, виразки в роті, дизентерію і навіть укуси собак.

Розкопки Помпеїв виявили масштабні цибулеві плантації, що свідчить про таке:
1) Пліній нас не надурив — цей гострий овоч тут шанувався;
2) користь цибулі дуже перебільшувалася, як мінімум, від виверження вулкана вона не рятує.

Вам нарізати нескінченність кубиками чи півкільцями?

І звісно, цю рослину брали із собою європейці в довгу мандрівку Атлантичним океаном, щоб на новому континенті було не так сумно й було чим один на одного дихати після обіду.

Більшість цибуль на наших ринках належать до типового різновиду *Allium cepa* var. *cepa*. І тут можна побачити безліч сортів, які зараховують до кількох кольорових груп. Королева наших прилавків — жовта цибуля — містить багато флавоноїдів, червоні форми вправляються в накопиченні антоціанів, які представлені тут не менш як 25 різними сполуками. Біла форма цибулі позбавлена кольорових пігментів, що ми готові їй вибачити за солодкий смак і хрумкість у салаті.

А якщо ваша цибуля формує не єдину монолітну цибулину, а цілий кластер, то, певно, ви вирощуєте

Allium cepa var. *aggregatum*. Цей різновид майже ніколи не цвіте, позбавивши себе тягарів статевого розмноження заради радостей вегетативного. Сюди належать і шалот, і так звана картопляна цибуля. Остання раніше була дуже популярна, але тепер лише випадково гастролює по окремих господарствах, утративши фанбазу в боротьбі з легшими до обробітку сортами. Також шалот іноді визнають за окремий вид *A. ascalonicum*.

Нарізання свіжої цибулі, як і перегляд виписки своєї заробітної плати, може викликати неконтрольоване сльозовиділення. Дякуйте за це син-пропанетіаль-S-оксиду та його аерозолю. Правда, ви самі винні, що він виділяється, адже ніхто ж вас не просив пошкоджувати цибулю. Рослина не дуже в захваті від нахлібників, що хочуть зжерти її цінний запас поживних речовин. Тому, коли якийсь черговий представник низки приматів чи інша тварина пошкоджує клітини цибулі, до справи беруться ферменти аліінази. Вони хутко розщеплюють сульфоксиди амінокислот і утворюють сульфокислоти. Одна з них, а саме 1-пропенсульфенова кислота, швидко потрапляє в біохімічні лещата іншого ферменту, синтази слізного фактору. З її обіймів виривається вже син-пропанетіаль-S-оксид, готовий виїдати ваші очі. Він атакує сенсорні нейрони, а ваш організм хоче видалити неприємний фактор за допомогою сльозових залоз і перетворює вас на типового глядача фільму «Хатіко».

Але щоб не косплеїти емобоїв із 2007-го, можна охолодити цибулю перед нарізанням (у холодному середовищі ферменти не такі активні), надягнути маску й нарізати цибулю на дні улюбленої річки (так газу проблематично буде дістатися ваших

— Дарма я різав цибулю неохолоджену...

очей), не різати ділянку овоча біля денця (там концентрація сірковмісних сполук найбільша), а також увімкнути вентилятор, щоб він здував сльозоточивий газ рослини.

У 2008 році Новозеландський інститут досліджень рослинництва та продовольства створив цибулю «без сліз», щоб запобігти синтезу синтази слізного фактора. Використані технології генетичної модифікації викликали самі знаєте яку реакцію громадськості. Споглядаючи цибулини на прилавках, люди радше хрестилися, ніж вкидали їх до кошика.

Але у 2018-му компанія Bayer спускає з ланцюга цибулю-монстра, плід нескінченних химерних схрещувань протягом 30 років. Це плетиво гібридизації таки призвело до того, що всередині зламався ген, відповідальний за роботу слізного фактора. Тому радійте, є безслізна цибуля, створена й без ГМО-технологій.

Та хоч люди часто плачуть і важко дихають від цієї рослини, вони все одно її їдять. Але якщо ви собака, кіт чи гвінейська свиня, утримайтеся: цей овоч для вас токсичний.

І кілька речень про науку. Великі клітини шкірки цибулі стали ідеальними для мікроскопічних досліджень. Доки ви розважаєтеся читанням цієї книжки, у застінках лабораторій цибуля працює як тест-об'єкт, а, можливо, просто зараз якийсь малюк робить з неї свій перший мікроскопічний препарат і міцно сідає на голку науки. Тому кидайте в цьому місці закладочку й мерщій біжіть за предметним скельцем!

Розділ 4

Овочі-бруньки

От ми з вами й доповзли до овочів-бруньок. Знайдіть найближче дерево й розшукайте там невелику бруньку — зачатковий пагін. Ідеально, якщо це буде кінський каштан, адже в нього ці органи розміру XXL. Якщо розполовинити вегетативну бруньку вздовж, а потім такий же трюк провернути з качаном **капусти** (*Brassica oleracea*), можна переконатись у тому, що тут як 1–1 — немає жодної різниці.

Качанна капуста утворилася з дикого різновиду *Brassica oleracea* var. *oleracea*, але поки подробиці цього перетворення скромного бур'янця на пишний овоч покриті мороком часу. Очевидно, одомашнення капусти відбулося пізніше, ніж пшениці. Спочатку в неволю городів потрапили неголовчасті види, насамперед кале, яка сіла на ланцюг агротехніки кельтів ще за 1000 років до н. е. (Katz, Weaver, 2003).

Імовірно, давні єгиптяни не знали її аж до тісних контактів із римлянами (Encyclopedia of Cultivated

Plants, 2013). Татко ботаніки Теофраст указує, що греки вживали багато сортів капусти, та оскільки вони йшли у шлунок, а не в гербарій, складно сказати, що ж це були за овочі (Katz, Weaver, 2003).

Але і греки, і римляни чітко відрізняли головчасту капусту від інших її різновидів. (Давньогрецький натураліст Хріссіп навіть написав трактат про капусту. Його прочитав Пліній, але напевно не повернув твір до бібліотеки, адже ця історична праця не збереглася). Елліни по-різному оцінювали цей овоч. Був поширений забобон, що якщо посадити капусту й виноград поряд, то овоч передасть лозі свій не дуже приємний запах. Цікаво, що такий стереотип ще живіший від усіх живих у середземноморському регіоні.

Капуста ще до того, як стала мейнстрімом і мутантом

Римляни теж були збиті з пантелику. То вважали цю їжу лакшері-продуктом, то підпадали під авторитет лідера суспільної думки Лукула, який гадав, що ця рослина однозначно має провалювати фейс-контроль до богемного столу (Katz, Weaver, 2003). Ну ти і сноб, Лукуле!

А от традиціоналіст, воїн і сенатор Катон Старший уминав за обидві щоки, як варену, так і сиру капусту, що з оцтом, що без приправ (Cato, CLVII). Ну, тільки хотів сказати, що Катон був нормальним, адекватним дядьком, але після геніальної ідеї купати немовлят у ваннах із сечі їдців капусти називайте його так самі.

Власне, греки й римляни намагалися лікувати цим овочем усе підряд — від подагри з головним болем до алкоголізму та навіть ознак отруєнь грибами. Що ж, так і хочеться припхатися до них на машині часу і сказати: «Удачі!».

З писемних джерел ми вже знаємо, що в XIV столітті в Англії існували вишукані рецепти приготування капусти. «Візьміть капусту, пошинкуйте її та відваріть у хорошому бульйоні» — ідеться в давньому рецепті (Forgeng, McLean, 2009). Тут мене охоплює панічне тремтіння — ще трішки й англосакси вигадали б борщ!

Багато рукописів свідчать про широке використання капусти в європейській середньовічній кухні. Її споживали і королі, і бідняки, водночас останні іноді тільки її і їли.

Та що тут говорити — навіть султан Селім III продався капустяному лобі й виголошував афоризми «Без капусти — навіть свято халви — не свято» (Isin, 2013). Тому Грінчу в Туреччині достатньо було б просто викрасти *Brassica oleraceae* — і все: ні радості, ні голубців.

Капуста з Європи поширилася на Єгипет, де завоювала славу зимового овоча. Згодом вона поступово дісталася Азії та Америки. В Індію її завезли португальські торговці в період XIV–XVII століть. А апостол Ліннея Карл Тунберг указував, що в 1775-му японці поняття зеленого не мали про те, що ж таке капуста. Ще через три роки перша капустина виросла в Австралії! До ніг цього овоча не впала лише Антарктида.

Капуста має безліч різновидів, але **серед овочів — видозмінених бруньок** можна побачити кілька варіантів, про які йдеться далі.

Савойська капуста (*Brassica oleracea var. sabauda*). За бренд цього овочу сперечаються Німеччина, Нідерланди та Британія, але названо його на честь французького регіону Савой. Виникла така капуста, очевидно, у XVI столітті. Вирізняється від решти різновидів зморшкуватим рельєфним листям.

Червоноголова капуста (*Brassica oleracea var. capitata f. rubra*) — та сама, що й білокачанна, але накачана антоціанами і краще зберігається взимку. Якщо залити її окропом, можна отримати найдешевший індикатор, який рожевітиме під час додавання кислот і зеленітиме й жовтітиме в компанії лугів.

Брюссельська капуста (*Brassica oleracea var. gemmifera*) — північноєвропейська за походженням капуста, що веде родозід ще з V століття, але славу й ім'я отримала в XIII-му поблизу Брюсселя, де ці маленькі бруньочки стали справжнім хітом. На відмі-

ну від верхівкових бруньок інших головчастих капуст, цей різновид утворює бічні (латеральні) бруньки. Вони маленькі, але разом їх цілий брюссельський легіон. У 1940 році через схрещування із червоноголовою капустою нідерландські селекціонери отримали пурпурову брюссельську капусту.

Brassica oleracea var. *gemmifera* вирізняється підвищеним вмістом вітаміну К, який є кровоспинним. Один шотландський мудрагель напередодні святкування Різдва ухитрився перебрати не з алкоголем, а з брюссельською капустою, і до такого стану, що йому знадобилася кроворозріджувальна терапія. Щоправда лікарі, які описали цей клінічний випадок, у статті заявили про конфлікт інтересів: вони не люблять брюссельську капусту (Pettit, Jap, Gardner, 2012). Хейтери!

Але не капустами-бруньками єдиними. Серед капуст є генетичні лінії овочів-суцвіть, які ми опишемо в одному з наступних розділів, а також **овочі — листя**.

Кале (*Brassica oleracea* var. *acephala*) — їстівна та ще й декоративна капуста. Цей різновид є найбільш спорідненим до диких генетичних ліній капусти. Рослина однаково привабливо виглядає як у вашій мисці, так і у вазі, особливо якщо це різновид *Brassica oleracea* var. *acephala* f. *tricolor*. І це єдиний тип капусти, який використовується для виготовлення чипсів.

Китайська кале (*Brassica oleracea* var. *alboglabra*) утворює і великі їстівні листя, і невеличкі суцвіття, як у броколі, але вони тріщечки гірчать. Проте якщо капусту засмажити із часником та імбирем, то ви це майже не відчуєте.

Овочі-стебла

Якщо в капустині вас найбільше приваблює качан, то **кольрабі** (*Brassica oleracea* var. *gongylodes*) створені саме для вас. Процеси давнього добору рослин з аномальною активністю бічної твірної тканини й вивели цього мутанта. Тушкуватися 100–500 годин — це його суперздібність.

Джерсійська капуста (*Brassica oleracea* var. *longata*) — насправді це не зовсім овоч, бо їдять її жорсткі стебла лише справжні гурмани й корови з вівцями. Ну, і справді, коли ми говоримо про капусту, то не дуже очікуємо, що вона виросте 3 м заввишки, а іноді і всі 6 м! А джерсійська капуста цілком здатна сформувати невеликий ліс, до того ж її стебла використовують для виготовлення палиць. Хочеш і собі таку? Шукай острів Джерсі в протоці Ла-Манш, але цей різновид тепер навіть там рідкісний.

— Викликай пожежників, у нас кіт на капусту заліз!

Якщо тобі здається, що це капуста, то це тобі тільки здається

А де ж пекінська капуста? Справа в тому, що це гм… не капуста. То ріпа, а саме її підвид *Brassica rapa* subsp. *pekinensis*. У XV столітті її вже точно вирощували на теренах Китаю, а вже потім діаспора Піднебесної розвезла її по всьому світу і зробила топ-овочем.

А як щодо капустяних рекордів? Довгий час найважчою капустиною була головка на 57 кг 610 г, але у 2012 році Скот Роб з Аляски виплекав громило на 62 кг і 710 г. Найбільша червоноголова капуста ж ледь перевалила за 19 кг. Якщо хочете втрутитись у перегони за рекордами, але сумніваєтеся в аграрних уміннях, можна повправлятися в кулінарних. Тут є два прості шляхи — скрутити голубець, довший за 15 м 37 см, або приготувати страву з капусти вагою понад 925 кг 40 г — і вуаля! Рекорд ваш.

Розділ 5

Овочі-бутони

Бутон, або ж пуп'янок — це квіткова брунька рослини, яка після розпускання готова перетворитися на квітку. Від таких метаморфозів був би в шоці навіть Франц Кафка. А що ще дивує багатьох людей — це споживання в їжу таких специфічних органів рослин. Однак щоб знайти такі овочі-бутони, слід не прямувати на город, а вдягати плавки та маститися сонцезахисним кремом. Адже найчастіше саме на морському пляжі можна відшукати це дитя Середземномор'я — **каперси колючі** (*Capparis spinosa*), які ніжаться під розпеченим сонечком і викликають мою перманентну заздрість.

Ще давні греки полювали за цими рослинами, щоб використовувати їх як вітрогінний засіб, тобто аби зменшити утворення газів у кишково-шлунковому тракті. Обвуглені уламки плодів і бутонів, а частіше насінинки, то там, то сям трапляються в розкопаних рештках античної цивілізації. Що

Афіней, що Пліній і тим паче ботанічний патріарх Теофраст не оминули нагоди обсмоктати всі кісточки, а також усі бутони цієї рослини й буквально, й у своїх творах (Fragiska, 2005).

Каперси колючі

Якщо в Греції каперси мужньо боролися з метеоризмом, то в Біблії натякалося на їхні властивості афродизіака.

Цей овоч століттями лишався диким і вирощував себе сам на прибережних галечниках та сухих схилах. Почуватися як удома на бідних ґрунтах йому допомагають довжелезні корені, а також супутники-гриби — спеціалісти зі всмоктування води й мінералів — і бактерії, здатні просто з повітря засвоювати нітроген. Тому якщо ви каперс, мати таких друзів — це крута ідея.

Лише 40 років тому каперс піддався на вмовляння агрономів та став одомашненою рослиною, яку вирощують у низці країн Європи, Північної Африки та Малої Азії. Та й до цього часу левову частку врожаю збирають з диких заростей.

Якщо ж ви — збирач каперсів, без міцних рукавиць не обійтися. Колючки, які з хижою гримасою полюють на вашу плоть, давно бісили працівників сільського господарства. Тому не дивно, що селекціонери вивели сорти, позбавлені цих болючих гаджетів. Але разом із засобами екзекуції зникла добряча частина врожаю і стійкості до несприятливих умов. Тому каперс усе ще хочеться, але колеться.

— Здається, тут забагато бобових. Наші каперси не справляються

Крім того, щоб зібрати першосортні бутони, треба вставати рано, коли вони не встигли розкритися. Такі лакшері-каперси кличуть «ранковими», а роздуті опецьки в найближчому маркеті вже належать до «денних».

Під дією оцту та солі на поверхні бутонів виділяються кристалики рутину, що перетворюють деяких з них на плямистих далматинців.

Якщо ж ви в дитинстві, юності та, можливо, навіть учора ставали жертвами культурно-калорійної інвазії салату «Олів'є», а в ньому замість каперсів був горох, то перед вами був ще й мутований кулінарний продукт. Вимагайте свої гроші назад!

Каперс також є складником соусу тартар. Тому якщо у вашому замовленні лише майонез, огірок і кріп, дідько, вас знову дурять!

Щоб помститися таким пройдисвітам, можете підсунути бутон каперса замість оливи у їхнє мартіні. Проте, можливо, їм навіть сподобається.

У каперсах використовують навіть листя, переважно на Кіпрі та в Греції, де запхнути їх до салату чи рибної страви вважають не такою й жахливою ідеєю. А у висушеному стані їх кидають навіть до високоякісних сирів, саме тому ще жодного разу в продукції торговельної марки «П***тин» я такий інгредієнт не бачив.

І це ще не все: у каперсів їдять і плоди, тому ця рослина могла б з'явитися ще й у розділі «Фрукти». Ботаніки досі можуть устрягнути в бійку одне з одним через те, сухим чи соковитим є цей плід. Думаєте, звідки в мене синець під оком?

Плоди каперса схожі і на сухий стручок, і на соковиту ягоду. Тому малюка часто по-Соломоновому рубають навпіл та називають і стручкоподібною ягодою, і ягодоподібним стручком. Підкидайте монетку!

Розділ 6

Овочі-квіти

Квітами захоплюються, милуються, їх обожнюють, але особливо приємно, що деякі з них можна епічно й естетично зжерти. Тому якщо хочете перетворити свою сумну буденну тарілку на клумбу — тримайте кілька відомих овочів-квіток.

Відкриває квітковий хіт-парад **розелла** (*Hibiscus sabdariffa*), вона ж суданська троянда або, як її іноді називають, «та штука, з якої роблять каркаде». До речі, у цей чай ідуть передусім м'ясисті чашечки, які й нагадують трояндочки.

Якщо не заливати квітки гарячою водою, їх цілком можна вкинути до салату або в десерт, тільки тоді самі пояснюйте, що овочі роблять у торті. У філіппінській кухні генеративні органи цієї рослини також додають до страв із курятини.

Суданську троянду можна було б запроторити й у розділ, присвячений листкам, адже в цій рослині їх теж споживають (а якщо їдці дуже голодні —

Коли тебе додають у купу страв, але пам'ятають лише за одним попсово-хітовим чаєм

проковтнуть навіть з молодими стеблами). У М'янмі це взагалі улюблений овоч, який часто смажать із часником і рибою.

Якщо хочете скуштувати цей овоч-квітку, але вирватися до Північної Африки чи Південно-Східної Азії не варіант, бо ні на кого полишити кактус на підвіконні, то ви цілком можете зробити внесок у розеллозабезпеченість країни. Покопирсайтесь у пакеті з фамільним каркаде, у середину іноді потрапляють плоди із цілком сформованими насінинами, які можна виростити в горщику поряд із тим самим кактусом.

Красоля велика (*Tropaeolum majus*) — кулінарна прима серед овочів-квіток. Кілька пелюсток, вкинутих у суміш салатного листя, перетворюють його з їжі звичайного громадянина на продукт найвишуканішого столу (насправді ні).

— А тепер ти сядеш і поясниш, що мої гербарні зразки роблять у твоєму бутерброді?

Можливо, ви знаєте цю рослину як «настурцію», але це ім'я безсовісно вкрали в представників родини Капустяних. Тому не варто зайвий раз випускати настурцій-горобців зі свого рота, бо вилетять — не впіймаєте, а пелюстки цієї рослини цілком варто лишити собі, бо вони смачні.

Для красолі властивий феномен Елізабет Лінней або «спалахуючих квіток». Якщо довго вдивлятися в помаранчеві квітки, особливо в сутінках, то на них мовби виникають невеликі «спалахи». Це явище відкрила 19-річна Елізабет, донька Карла Ліннея. Спочатку вважали, що воно зумовлене якимись біоелектричними взаємодіями, але це лише оптичні фокуси сприйняття помаранчевого кольору на тлі зеленого.

Красоля велика — це зайда з Анд, а зараз у деяких регіонах вона стала навіть інвазійним видом. Рослина їстівна майже цілком, але саме пелюстки вдало розбавляють зелену монобільшість салату. Вони мають легкий перцевий відтінок, що зближає красолю зі справжньою настурцією за смаком, але не на родинному дереві. Іноді пелюстки красолі готують за допомогою цього модного stir-frying — короткого смаження з перемішуванням у воку.

А от з незрілих плодів роблять «фальшиві» каперси: майже фруктами намагаються зімітувати овочі — це ще те збочення.

Їстівні квітки часто схожі на якусь ефемерну сутність, ніжну запчастинку салату, яку намагаються не пошкодити під час перемішування. Якщо подібні ніжності вам не до душі, то це не привід відмовлятися від поїдання таких інтимних органів рослини. Знімаємо заслону таємничості! Перед нами сама брутальність — квітки гарбуза звичайного (*Cucurbita pepo*)! Можете використовувати також квітки кабачка, адже технічно це теж гарбуз, а не окремий вид рослин!

Їх, звісно, можна по ЗСЖ-ешному додавати сирими у салат, але таке підходить і для інших квіток. Нудно? Відчуйте себе ацтеком і відваріть квітки! Вуаля — це ж айошочкилитль! Ні, цього разу я не заснув на клавіатурі, а лише назвав оригінальну назву страви.

Але ніхто не заважає вам приготувати яйцево-сирно-мучний кляр і перемазати в ньому квітки до стану кулінарного чудовиська. Далі цього монстра слід скупати у фритюрниці, сковороді чи пекельному казані. Звісно, у такій калорійній шубі й листок паперу смакуватиме аналогічно, але це буде снек, вишуканіший за улюблений у вашому під'їзді сорт соняшникового насіння.

Гарбуз чи гарбузиня?

Чоловіча, тичинкова квітка

Жіноча, маточкова квітка

На мою пошту постійно надходять листи хронічних їдців квіток гарбуза. Усі пишуть про те саме: «Як нам продовжувати піддаватися гріхам квіткожерства, але водночас уберегти врожай гарбузів?». Таким респондентам я зазвичай пропоную платний 60-годинний онлайн-курс із відповіддю на це питання, але спеціально для читачів цієї книжки й тільки сьогодні — безкоштовний лайфхак.

Варто використати стару недобру гендерну ботанічну нерівність. Бездушно їжте тільки чоловічі квітки з тичинками — і на Геловін будете із сировиною для ліхтарів Джека, якщо тільки ваша міськрада не заборонить це свято і здоровий глузд.

Будьте обачними! Пам'ятайте про загрозу формул квіток! Додавання квітів до салату відволікає ботаніків від уживання їжі

А тепер настала хвилинка попсових квітів-овочів. Їхні пелюстки зазвичай пхають до сумішей салату в Україні. Причому найчастіше використовується їхня майже гомеопатична концентрація — 1,5 молекули діючої пелюсткової речовини на пакунок салатного листя.

Хто ж так помпезно прямує в нашу тарілку? Цю гібридну рослину кличуть **фіалка Віттрока** (*Viola × wittrockiana*), хоча дехто її визнає за різновид братчиків (*Viola tricolor* var. *hortensis*). Обирайте поки на свій смак.

Утворення гарнюніх фіалок триколірних почалося із цікавих дослідів пані Марі Елізабет Беннет. Вона обожнювала ці рослини і збирала всі сорти, що потрапляли до її загребущих рук, і вирощувала у своєму саду. Там вони активно перезапилювалися і створювали нові химерні комбінації. У 1812 році ці діти невпорядкованих статевих зв'язків стали доступними широкій публіці любителів квітів.

Один із фанів квітникарства, Джеймс Гамб'єр, вирощував їх із фіалкою жовтою та широкопелюстковою фіалкою алтайською. З його химерної клумби й постав гібрид *Viola × wittrockiana*, який своєю назвою вшанував шведського ботаніка Вейта Віттрока, відомого дослідженнями водоростей і фіалок.

А тривіальну його англійську назву pansy із часів правління королеви Єлизавети ганебно використовують для позначення чоловіків, які проявляють певні риси, що стереотипно вважаються жіночими. Причому до цих рис належать не лише якісь статеві ролі, а й такі поняття, як стежити за своєю зовнішністю, митися в душі, поважати інших і не бути пафосним плоскомозким дятлом (оціночне судження, яке не має на меті образити жодного представника родини Дятлових).

Розділ 7

Овочі-суцвіття

Суцвіття — це збориське квіток однієї рослини. Вони гуртуються в компанії і плекають захопливі мрії перетворитися на фрукти, але ж ні. Жорстокі кулінари використовують їх як овочі.

Якщо в нашому меню вже овочі-суцвіття, то подайте мені **артишок** (*Cynara cardunculus* var. *scolymus*). У цієї рослини ми з їжу вживаємо суцвіття, які ще не пішли в початкову школу флорифікації. Соковиті бутончики з брактеями (приквітковими листками) та суцвіттєложем — це саме те, що потрібно для гурмана, який хоче під час обіду повторити курс ботаніки.

Про веселу звичку поїдати артишок написали Гомер і Гесіоїд ще у VIII столітті до н. е. У той час, імовірно, споживали скромнішого за габаритами предка рослини з гострими обгортками суцвіття, який у дикому стані зростав у Середземномор'ї. Греки й римляни були в захваті від рослини (Rottenberg,

Zohary, 1996). Окремі фанати бутонів навіть пропагували вчення про те, що артишок — це дезодорант, після пожирання якого тіло людини — це не смердюча від метаболітів конструкція, а морозна свіжість і весняний сад.

Ага, два рази!

На жаль, у темряві середніх віків на вогнях інквізиції згоріли всі рецепти приготування делікатесних бутонів. Європа повторно зустрічала цю культуру від арабів зі здивуванням і з розкритими обіймами. У XV–XVI століттях французи, надивившись на яйцеподібну форму нерозкритих суцвіть, почали вважати артишок потужним афродизіаком. У XVI столітті за допомогою спеціалістів із сільського господарства, нідерландців, рослина закріпилась у похмурій Англії. Чарльз Дарвін під час мандрівок Південноамериканським континентом описав артишок як інвазивну рослину, яка захоплює у свої колючі обійми всі узбіччя доріг. У XIX столітті *Cynara carduncului*s var. *scolymus* потрапила вже й у Північну Америку, де стала доволі популярним продуктом.

Хоч вирощують ці рослини по всіх трішки теплих усюдах, світовим артишоковим гегемоном була, є та, певно, і буде Італія.

У 2016 році геном артишоку було розшифровано. Він середнього розміру та містить 1,07 мільярда пар азотистих основ. У рослини зафіксовано підвищену роль генів, які кодують фітоцистатини (захищають від шкідників), і білків P450, що залучені до утворення багатьох вторинних метаболітів (Scagilone et al., 2016). Тепер селекціонери сприймають ці гени як цільові для виведення стійкіших сортів.

З артишоку виготовляють навіть солодкий лікер Cynar, а екстракти з листя пропонуються для зниження рівня холестерину. Кохренівський метааналіз 2013 року показав, шо рослина справді має лікувальний потенціал, але потрібні додаткові дослідження (Wider et al., 2013).

Після додаткових розвідок у 2016 році науковці сказали, що рослина справді має лікувальний потенціал, але ви не повірите… потрібні додаткові дослідження. Тому екстракт листя артишоку досі має статус ліків з умовно доказовою базою.

Артишоки найчастіше відварюють у воді, до якої додають сіль та оцет, щоб ці зелені овочі не перетворилися на коричневі неапетитні кавалки біомаси. Серцевинки бутона італійці кладуть до піци «Чотири пори року», де артишок символізує весну. Загалом із цими рослинами виробляють усе, що заманеться — смажать у фритюрі, перетворюють на паштет, а в наших магазинах з них навіть роблять об'ємні висушені експонати на замовлення природничого

музею. Але якщо з вашим лакшері-овочем сталася така прикрість, є один лайфхак. Розімніть сухі листочки в порох — і вуаля! Перед вами артишоковий чай з гірким дерев'янистим смаком, досить відомий у В'єтнамі. Справжній артишок-контент!

Їстівні суцвіття має й кілька різновидів капусти. Серед них і овочевий символ Італії — **броколі**. Назва країни вкарбована в латинське ім'я цього різновиду *Brassica oleracea* var. *italica*, а саме слово broccoli означає «квітучі гілочки капусти».

Насправді люди в гострому пориві нетерплячки якраз і не дають суцвіттям зацвісти: зривають сотні маленьких бутончиків з усім вегетативним гамузом, щоб цинічно та приємно поласувати таким овочем. Але на відміну від цвітної капусти, квіткові бруньки броколі цілком функціональні й у агрономів-роззяв можуть утекти у фенологічну фазу цвітіння.

Очевидно, ця культура виникла в VI столітті до н. е. внаслідок безконтрольних експериментів зі схрещування в Середземномор'ї. Точні винуватці цих жахливих змішувань різних генетичних ліній невідомі, але, певно, до геному овочевої капусти домішалося ДНК капусти критської (*Brassica cretica*).

«Паросткова броколі»

Калабрійська броколі

Відтоді броколі стала бажаним гостем на столах жителів Римської імперії, хоча, очевидно, під назвою цього овоча ховалися й інші різновиди капусти з їстівними суцвіттями (Magioni et al., 2010).

Довгий час така дивна їжа була маловідомою поза межами Італії. Лише в XVI столітті цю рослину згадали у французькому трактаті, англійці ж відчули смак цього овоча аж на 200 років пізніше й назвали його італійською спаржею (Magioni et al., 2010).

Тепер броколі цілком собі азійський овоч, адже понад 70 % його світового врожаю дають Індія та Китай. Однак важливу роль у популярності цієї культури відіграли США. На початку XX століття переселенці з Італії притягнули на віддалений континент калабрійський різновид овоча, у якого формується не розгалужене суцвіття, а щільна голівка. Саме тут він набув нечуваної популярності й повертався в Європу у 1950–1960-х уже на білому коні слави корисного та смачного продукту.

Броколі містить пристойні дози вітамінів C та K, але цей запас корисних речовин недоступний багатьом людям через те, що вона їм гірчить. У цих осіб підвищений рівень використання гену TAS2R38, який змушує організм сприймати овоч таким само гірким, як і долю українського науковця (Lipchock et al., 2013).

Продовжмо наш огляд овочевого загону мутантів. Перед нами весь цвіт цієї дивної братії — **цвітна капуста** (*Brassica oleracea* L. var. *botrytis*).

Якщо вас хтось виправлятиме й говоритиме, що вона кольорова, то женіть їх у шию купувати фіолетовий сорт Графіті зі стартовим цінником від 150 грн/кг, бо от він справді кольоровий.

Слово «цвітна» в цього різновиду позначає цвіт. Хоча, будьмо чесні, цвітом тут і не пахне, адже те, що ми їмо, — лише твірна тканина суцвіття. Вона неприродно розростається, та квіточок не дає, довго лишаючи нас без простої краси генеративних органів Хрестоцвітих, але ситих і переповнених естетикою фракталів (хоча й не таких крутих, як у капусти романеско).

У І столітті Пліній Старший теж потрапив під магію цих ласощів, зухвало заявивши, що цвітна капуста має найкращий смак з-поміж інших капуст. І це при тому, що автор їв лише ранні версії цього овоча. Що ж він сказав би зараз?

У середні віки більшість Європи здійснила колективний дауншифтинг і розгубила купу давно знаних сільськогосподарських культур. Цвітну капусту тоді масово вирощували лише на Кіпрі, тож не дивно, що арабські ботаніки того часу вважали саме цей острів центром походження овоча.

Ба більше, згодом самі європейці підтримають цей мимовільний фейк, називаючи рослину кіпрською капустою.

До XVI століття Франція купувала насіння цієї рослини на Кіпрі, аж доки не навчилася отримувати їх самостійно (Wheaton, 1996).

Як узагалі утворюється цей переважно білий мозкоподібний овоч? Рецесивний варіант гена CAL не дозволяє капусті створити нормальні квіти, а натомість змушує робити багаторазові копії початкового суцвіття, розростаючись у ширину по спіралі. Утворюється кластер твірної тканини — жахлива помилка генетичного коду, така фатальна в дикій природі й така смачна на обідньому столі.

А тепер перед нами овоч, що можна використовувати як заспокійливе. Капуста романеско має колір шартрез. Загалом це жовто-зелена барва, яка розміщується просто посередині частот видимого спектра світла. Колір найлегше сприймати нашому мозку, тож художники та психологи його нещадно експлуатують. Тому якщо в офісі стресова ситуація, рятуйте атмосферу в колективі — обнесіть своє робоче місце оборонним валом з романеско.

Походить ця капуста з Італії, про що натякає своєю назвою. Згадки цього овоча можна простежити до XVI століття, але він довгий час був локальною зіркою кухонь Апеннінського півострова, лише в буремні 1990-ті увірвавшись на глобальний ринок.

Водночас у Галактиці Зоряних воєн вона була також відома, адже в епізоді «Пробудження Сили» головна героїня Рей поповнювала свої запаси сили від неї.

Саме в цій капусті фрактали проявляються найкраще. Як і у цвітній, їх формує розросла твірна тканина, що упаковується в логарифмічну спіраль.

Кількість зустрічних спіралей на суцвітті описується двома сусідніми числами Фібоначчі. Тому

Сила джедаїв прийде до тебе. Достатньо тільки вживати 5 фрактальних овочів на день…

не дивно, що за підтвердженими нічим даними Андрій Кокотюха не вживає капусти романеско, адже в ній забагато математики.

А чого ніколи не буває забагато — то це фруктів. Саме час зазирнути в їхнє різноманіття у другій частині книжки.

Частина друга

Фрукти

«Фрукти» — одне з тих слів, яке в ботанічних дописах у соціальних мережах здіймає бурю запитань, іноді щедро приправлених спеціями обурення. Тут усі карти флористичного районування сплутала кулінарна класифікація рослинних продуктів, яка з невідомих науці причин фруктами вважає лише соковиті плоди. Але можна роздлубати сухий плід кокос (кулінарно не фрукт), переконатися, що в ньому повно рідини, — і почути, як із тріском покризів кокоса тріщить по швах логіка такої класифікації.

Ботанічно фрукт — це будь-яке утворення рослини, яке з'являється із зав'язі після цвітіння. Найчастіше для його формування потрібне запилення. Але завдяки магії непорочного зачаття в рослин, яке вчені називають партенокарпією, можна створити плід і без допомоги пилку — найближчий до вас киш-миш підтвердження того.

Іншим джерелом непорозумінь є співвідношення понять «ягоди» і «фрукти». Їх часто протиставляють, але це те саме, що протиставляти футболки й одяг. Будь-яка футболка є одягом, але не кожен одяг є футболкою, і якщо ви комусь доводите, що ця модна річ на вас насправді не футболка, а майка — вона ж не перестає бути одягом. Тому коли говорять, що кавун — не ягода, звання фрукта в нього ніхто через це не відбере.

Фрукти бувають різних типів — сухі й соковиті, горіхи та горішки, зернівки і сім'янки, ягоди й кістянки, гесперидії та яблука (Schlegel, 2003; Mauseth, 2003), і саме час нарешті розібратися з усім їхнім шаленим різноманіттям. А почнемо ми лупати сю скалу з міцних ботанічних структур — горіхів!

Розділ 8

«Міцні горішки»: горіхи справжні й не дуже

У побуті горіхами називають що завгодно. Ботаніки ж не такі свінгери у визначенні їстівних продуктів. У підручнику з ботаніки все суворо й горіхом можна називати лише сухий плід зі здерев'янілим оплодонем та однією (рідко двома) насіninами (Новіков, Барабаш-Красни, 2016; Левина, 1987).

То хто тут вважає себе міцним горіхом? **Волоський горіх** (*Juglans regia*)?

Він ніякий не горіх, хоч назви цієї рослини натякають на зовсім інше. В Україні — це волоський і грецький горіх, а от в англомовному світі він ще й перський, англійський, карпатський і мадейринський. Але хоч як цей корабель назвеш, він від того в горіхову гавань не причалить!

Ця рослина не може пройти фейс-контроль у нічний клуб горіхів хоча б через наявність соковитого екзомезокарпію! Так, це саме та оболонка, яка прагне зафарбувати влітку твої руки в 50 відтінків

коричневого. Горіх за будовою мало відрізняється від вишні. Екзомезокарпій відповідає шкірці та м'якоті вишні, а сам «горіх» — це лише кісточка.

Як і у вишні, насінина горіха переховується за броньованими мурами здерев'янілого ендокарпію. Це дуже мудре рішення — недаремно у волоського горіха вона так нагадує мозок.

Але тут варто нагадати, що це випадкова схожість, тому не варто приміряти середньовічний світогляд, прокачуючи свої інтелектуальні здібності на максимум кілограмами калорійної маси.

То як же називати плід волоського горіха? Як і вишенька на тортику, волоський горіх є кістянкою, але через те, що екзомезокарпій тут не дуже соковитий, — це суха кістянка.

Виник *Juglans regia* в Центральній Азії, а найбільші його природні ліси збереглися в Киргизстані, де можна побачити дивовижне різноманіття диких форм цієї рослини (Hemery, 1998). На своїй батьківщині він іноді росте кущем, але в процесі одомашнення людина завербувала лише представників генетичних ліній, які стають деревами.

Теофраст (Theophrastus, Enquiry into Plants III.6.2, III.14.4) розповідає, що в IV столітті до н. е. Александр Македонський привіз у Грецію гостинець — такі кущеподібні форми горіхів. Тут вони схрестилися з попередньо завезеними деревоподібними рослинами цього виду і зрештою дали гібриди зі значно більшими плодами.

Це одна з причин, чому горіх іноді кличуть грецьким, хоча ті самі греки йменували його перським. Інша назва — волоський — увіковічнює князівства Волощини на території сучасної Молдови. Українські назви видів рослин не регулюються жодним кодексом, тому полювати за єдино правильною побутовою назвою рослини — як полювати за двома

А ви знали?
Права півкуля волоського горіха відповідає за його смак, тоді як ліва визначає його сприйняття нашим язиком

зайцями на території Антарктиди — у цьому немає жодного сенсу. Буквальний переклад назви цього дерева з латини — «горіх царський», але навряд вам хтось такий продасть на ринку. Скандали, інтриги й розслідування з постійними апеляціями до мови однієї ворожої нам країни — це сміх на колючому дроті здорового глузду з приплітанням цитат Івана Нечуя-Левицького як експерта з ботанічних назв.

Зважаючи на те що ні Греція, ні Молдова не є батьківщиною цієї рослини, холівари на тему того, як величати *Juglans regia* — горіхом волоським чи грецьким, — завжди лишають одночасно правими й неправими обидві сторони конфлікту. Тому можете його безпідставно кликати горіхом Шредінгера!

А **кокос** (*Cocos nucifera*) хоч горіх? Дзуськи! Це також суха кістянка, як і наш попередній вигнанець з горіхового клубу.

У кокоса мало б бути три окремі сектори плоду і три насінини. Але всередині плоду відбувається класична операція злиття та поглинання в усій красі — має лишитися тільки один сектор, як Дункан Маклауд у «Горянині».

Згори плід укритий тоненькою, але щільною оболонкою екзокарпію. Під нею ховається волокнистий мезокарпій, а також дуже твердий внутрішній шар — ендокарпій. Усередині нього розташована кокосова вода, яка насправді є запасом поживних речовин для крихітної насінини. Ботаніки цю багату на жири субстанцію підступно називають ендоспермом.

У процесі дозрівання вона з рідкої перетворюється на тверду білу штуку завтовшки кілька сантиметрів, яку люди з радістю наминають у десертах

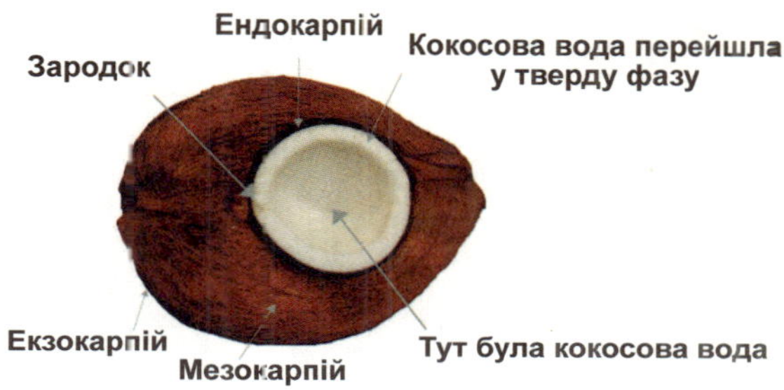

і печиві. Саме тому кокоси, які довго мандрували чи наполегливо лежали із завищеними цінниками в магазині, із часом стають порожніми всередині та готовими геть розчарувати покупця, який, захопившись рекламними роликами, хотів націдити з плоду щонайменше трилітрову банку кокосової води.

Але якщо цей покупець — ви, ми кличемо Дейла й поспішаємо на поміч. За допомогою тертки задубілий ендосперм кришимо на друзки й заливаємо окропом. Витримуємо хвилин 30, а потім витискаємо з розбухлих нутрощів кокоса рідину. Вуаля! У вас на столі кокосове молоко, для приготування якого достатньо рівня кулінарної майстерності «Я вмію запарювати "Мівіну"».

Свою назву рослина отримала від португальського слова «coco», що позначає обличчя, адже плід здавався схожим на голову мавпи. Добре, що цю рослину не відкрили зараз, адже тоді її могли б назвати на честь якоїсь моделі смартфона з трьома основними камерами.

Плоди кокоса, окрім магазину, можна ще шукати на кокосовій пальмі. Про походження рослини

Кокос — не горіх, а трохи мавпа і навіть смартфон

можна дуже довго сперечатися. У 1901 році Оратор Кук (Cook, 1991) патріотично заявив, що кокос — це давня американська культура. Тур Геєрдал радісно підхопив цю ідею, адже вона вписувалася в його погляди на заселення тихоокеанських островів.

Але відповідно до генетичних досліджень ця рослина походить з островів Південно-Східної Азії та півдня Індії (Gun et al., 2011). Кокосова пальма давно потрапила в тісне коло рослин, які людина розумна іноді розумно, а часто й ні, постійно тягає за собою. Кокоси чудово поширюються й самостійно, адже їхня герметична упаковка не пропускає воду — тому можна мандрувати дешево та без перепон, але це тільки якщо ви плід кокосової пальми.

Як часто буває в ботаніці — те, що на кухні називають **кедровим горіхом**, немає стосунку ні до кедра, ні до горіха.

По-перше, це навіть не плід, а насінина, бо у хвойних рослин із плодами еволюційно не склалося. А по-друге, сам кедр не є їстівною рослиною й замість нього віддуваються багато видів роду Сосна.

Часто цю смачну сировину отримують від сосни сибірської (*Pinus sibirica*), яка справді росте в несходимій частині нашої планети. Але це далеко не єдине дерево з такими поживними й ароматними бонусами.

Сосна корейська (*Pinus koraiensis*) у Південно-Східній Азії, сосна Жерарда (*Pinus gerardiana*) у Гімалаях, сосна Арманда (*Pinus armandii*) та сосна Бунге (*Pinus bungeana*) у Китаї, сосна європейська (*Pinus cembra*), яка зростає і в Україні, а також пінія (*Pinus pinea*) — це все дружна компанія євразійських кедрових горіхів. А філіал цього смачного клубу є й у Північній Америці із сосною їстівною (*Pinus edulis*), сосною одволистою (*Pinus monophylla*), сосною мексиканською (*Pinus mexicana*) й іншими менш прославленими в кулінарних історіях видами.

Створення кедрового горішка часто триває досить довго. Наприклад, звична на наших прилавках пінія

— А що, як я скажу, що кедрові горішки не мають стосунку ні до кедрів, ні до горіхів?

потребує цілих 36 місяців для того, щоб виготовити зріле насіння. А ще кажуть, що я довго писав свою дисертацію!

Левова частка ресурсів йде на потужну оболонку насінини. Вона, наче Олександр Шовковський у серії післяматчевих пенальті зі Швейцарією, надійно захищає внутрішній вміст від проникнення.

Якщо ж здійснити анбоксинг, то насінина може швидко зіпсуватися. І що вищою буде температура зберігання, то швидше хвойні пахощі перетворяться на прогірклі міазми болота. Тому якщо ви психонули й перечистили мішок кедрових горіхів, потурбуйтеся про температуру від −5 до +2 °C або ж надішліть цей вантаж на адресу нашої редакції — ми візьмемо тягар зберігання на себе.

Кедрові горіхи — це вам не якісь там огірки чи текст політичного експерта: у них води лише 2 %. Зате жирів — хоч калорійну греблю гати: 68 %. У насінині упаковані солідні дози цинку, магнію, міді, вітаміну Е й багатьох інших корисних прибамбасів для вашого організму.

Найпопулярніша з європейських кедрових горіхів — пінія — відома не тільки тим, що з її поліна вистругали Пінoккіо. Її насіння є важливим компонентом соусу песто, який з 1930-х став інтернаціональним улюбленцем.

На південному заході США з подібної сировини виготовляли й кавоподібний напій, бо чому жолудям із цикорієм можна, а соснам зась?

Проте в багатьох людей поїдання кедрових горішків викликає неприємні симптоми зміни смаку, які минають без лікування. Кілька днів після вживання хвойних ласощів уся їжа здається бридкою, гіркою та з металічними обертонами. Точно такою на смак, як перші страви, що я приготував (от же кляті кедрові горіхи!).

А як щодо **арахісу** (*Arachis hypogaea*)? Земляний горіх має ж бути горіхом?

Його справді так називають, але ви вже, напевно, і так здогадалися, що до горіха йому — як до столиці України пересуватися на всіх чотирьох кінцівках. Арахіс має типовий плід біб, у якому 1–4 насінини розташовуються на затишних ліжечках оболонок плоду.

Ми культивуємо *Arachis hypogaea*, який є гібридом двох диких рослин — арахісу дурангського (*A. duranensis*) та арахісу іпанського (*A. ipaensis*) (Moretzsohn et al., 2013). У нащадка цих видів не лише злилися два геноми — вони ще й подвоїлися.

Ці процеси призвели до того, що в дитя схрещування плоди були значно більші, ніж у батьків. Тому не дивно, що саме на них накинулися вічні голодні до одомашнення рослин люди.

Ці еволюційні й селекційні експерименти проводилися на території Аргентини та Болівії, звід-

ки й розпочався великий арахісовий похід бобів за славою.

Найдавніші археологічні рештки, які свідчать про вживання *Arachis hypogaea*, припадають на час 7600 років тому (Dillehay, 2007). Очевидно, у ту славну епоху люди ще харчувалися арахісами на ранніх стадіях одомашнення, але оскільки соцмереж тоді не було, ніхто з коментаторів не присоромлював їдців за те, що вони споживають якісь немодні продукти.

Іспанці, вдершись на Південноамериканський континент, звісно, спокусились і смачними бобами. Шлях рослини у Європу був відкритий.

Але умови вирощування їй більше сподобалися в Західній Африці. Жителі тих країв з радістю научались чужому арахісу, цураючись свого рідресенького бамбарського (*Vigna subterranea*). Бобові манкурти!

Азійці також солому не жували, насіння не лускали, а інтенсивно вирощували арахіс, щоб лускати вже його! Трішки наполегливості — і вуаля! Тепер Азія є найбільшим імпортером цих сухих плодів, заткнувши за пояс регіон, де ця культура виникла.

Рослини арахісу формують симпатичні жовті квіточки, але наче соромляться цих простяцьких гаджетів для розмноження, тримаючи їх відкритими лише один день.

За такий короткий дедлайн вони мають заплідднитися й піти в підпілля. Нав'язливе прагнення заникати плоди в землю називається геокарпією. Ось де трушний андеграунд, а не ті всі гурти, які записують по три альбоми на тиждень у дитячій кімнаті фронтмена.

Ховати плоди під землю дуже зручно: так можна не турбуватися, що ссавці, птахи й інші служби доставки загублять посилочку з насінням по дорозі чи зжеруть весь вміст згортка, дбайливо упакованого екзокарпієм.

Але якщо ви маєте справу з людиною, то плоди не вдасться сховати. Вони їх хоч з-під землі дістануть. Відшукають і поглинуть просто так, зроблять з них пасту, олію, борошно та навіть молоко!

Арахіс

Арахіс — це супер-герой, у якого надздібність — калорії. Близько 300 г цього продукту — і ваша денна норма їжі закрита. Близько 25 % цього їдла — білки, що є дуже високим показником для рослинних продуктів. Але арахісу й цього мало — і він насичує насінини вітамінами B та E, магнієм, манганом та фосфором. Який молодець!

Але окрім приємних бонусів від вживання цих бобів, є й неприємні.

Є дані, що в 0,6 % населення США можуть проявитися серйозні алергічні реакції (аж до анафілактичного шоку та смерті), якщо навіть найдрібніші часточки такого продукту потраплять в організм. Розвиток такого стану не до кінця зрозумілий — адепти гігієнічної теорії алергії пов'язують це з надмірними дезінфекційними заморочками та зменшенням контактів із мікробами. На британській популяції також було доведено, що пізній вік першого куштування арахісу корелював із розвитком проявів непереносності *Arachis hypogaea*.

В алергічних злочинах арахісу підозрюють щонайменше 11 речовин (Miller et al., 2012). Їхні молекули доблесні дендритні клітини організму розпізнають як страшну загрозу й починають казитися, б'ючи в усі дзвони імунної відповіді, роблячи непереливки лише своєму організму.

Це часто спричиняє арахісошеймінг із бобобулінгом та мораторієм цього важливого продукту харчування, але в низці країн прояви таких реакцій суттєво нижчі навіть за американські показники.

Тому не будьте дендритними клітинами! Зберігайте порох сухим, а розум — холодним, оскільки, на відміну від гарного хлопця арахісу, в нас є справжні вороги, що на обідньому столі, що по сусідству.

А з **фісташкою** (*Pistacia vera*) то що не так? Ось же вона лежить у відділі горіхів магазину! Дав би цим ботанікам волю, вони б її у відділ сухих кістянок запроторили та ще й перейменували.

Молоді плоди фісташки зелені, але згодом полишають цю хлорофільну релігію, стаючи світло-жов-

— Це дегісценція, а не те, що ти подумав!

тими чи навіть кремовими. Під час дозрівання вони трішечки розкриваються по шву, щоб насінина мала більше шансів виперти пагін на білий світ. Таке явище називають дегісценцією — не забудьте подякувати за нього рослинному царству, коли наступного разу ласуватимете плодами *Pistacia vera*.

Фісташка походить із Центральної Азії, де, судячи з археологічних знахідок зовнішніх покривів кістянок в Узбекистані, її наминали ще у бронзову добу (Miller, 1999). Пізніше ця смакота поширилася Європою. Уже Пліній Старший величає фісташку «всіма знаною рослиною», яку привіз із Сирії проконсул Луцій Вітеллій. Проте через вимогливий райдер до клімату *Pistacia vera* із часів пізньої античності так і не стала масовою рослиною, у чому можна легко переконатися, поглянувши на вартість кілограма цього делікатесу.

Пальму першості у виробництві фісташок довго тримав Іран, а на п'яти наступали США. Але під батогами санкцій, кліматичних змін, жахливого управління водними ресурсами іранці віддали жовту майку фісташкового лідера американцям. У це змагання за сухокістянкове домінування гучно вривається Грузія, плантації якої щороку дають дедалі більше плодів.

А їх є куди використати! Ум'яти просто так, з'їсти з насолодою, посипати морозиво, виготовити пахлаву, халву, масло, рахат-лукум, додати до бісквітного тіста. З неї готують навіть фісташковий, або вотергейтський, салат — загадкову страву, про походження якої є безліч міфів і легенд стародавньої Америки. Рецепт починався зі змішування бурди швидкого приготування компанії General Foods — фісташкового пудингу й порошкового крему. Тепер же під цією розпіареною однойменним політичним скандалом назвою розуміють страву з реальними горіхами, консервованим ананасом, маршмелоу та збитими вершками. Якщо вам мало калорій — полийте страву олією та підпаліть!

Споживання фісташок іноді призводить до отруєнь, і переважно тут винні не рослини, а гриби аспергіл жовтий (*Aspergillus flavus*) та аспергіл паразитичний (*Aspergillus parasiticus*). Їхній неприємний бонус — афлатоксин, яким вони здобрюють кістянки фісташок за умов неналежного зберігання чи штучного розщеплення плодів.

Високий вміст жирів у плодах і низький води — часто змушує фісташки ставати паліями. Зберігання в тісних контейнерах сприяє самонагріванню під дією ферментативних та окисних процесів. Додайте сюди трішки спеки, світла і легкозаймистих матеріалів поблизу — й одразу телефонуйте 101.

— Так-так! Шановний **мигдалю** (Prunus dulcis), ви стверджуєте, що є горіхом? Маєте довідку із супермаркету? Давайте подивимось! Покажіть свої покриви. О ні, у вас екзокарпій із соковитим мезокарпієм! Ви що, терміново несіть свою насінину у відділ соковитих кістянок!

Мигдаль іноді зараховують до окремого роду, але дедалі частіше запроторюють до роду Слива, де рослина отримує назву слива солодка.

Походить це невелике дерево з території сучасного Ірану. Можливо, цей вид виник з окремих форм дикого мигдалю *Prunus fenzliana* (Zeinalabedini et al., 2010).

Люди, певно, труїлися токсинами диких рослин і жерли цей кактус, поступово відбираючи з гірких форм солодші. Відповідно до археологічних знахідок у Йорданії, ці процеси вже точно відбувалися в добу ранньої бронзи (G. Ladizinsky, 1999). Звісно, усі хотіли пошвидше додати амарето до кави. Давні єгиптяни до такого прогресу не дійшли, але шкаралупку мигдалю в піраміді Тутанхамона все ж лишили (Zohary, Hopf, 2000). Йой, най буде!

Особливу популярність рослина здобула в Сполучених Штатах Америки, які тепер змушують ковтати пилюку мигдалевого цвіту найближчих переслідувачів по кількості вирощених насінинок — Іспанію та Іран.

Гіркота мигдалю контролюється рецесивним станом єдиного гена. Якщо він наявний у рослині, але поряд є солодкий його варіант, то рослина утворюватиме солодке насіння. Саме тому одомашнення мигдалю завершилося приголомшливим успіхом.

У гіркої форми є фермент — вправний білок, який розщеплює два компоненти плоду — амигдалін та пруназин — на глюкозу, ефірну олію та його летальність ціанід. 5–10 насінинок для дитини та приблизно 50 — для дорослого можуть стати смертельною дозою. Але це не означає, що якщо ви двометровий лобуряка, то їх можна безпечно з'їсти 48 штук: отруєння ціанідом почнеться й із кількох мигдалин.

Той *Prunus dulcis*, який продається зараз, належить суто до солодкого різновиду. Але якщо після вкидання продукту до рота ви кривитесь, наче побачили на дорозі навпроти однокласника, — викидайте цю насінину геть і шукайте продавця мигдалю, який не хотітиме вашої смерті.

Окрім того, що насіння цієї рослини додають до різноманітної випічки та їдять просто так, з нього ще отримують надої веганського молока, безглютенове борошно й сироп. Останній раніше робили і з гірких форм, але все ж вирішили, що міцніший аромат продукту — недостатньо вагома причина, щоб відкидати копитця від ціанідної (синильної) кислоти. Тому тепер гіркі мигдалі гірко плачуть, бо в жодних кулінарних продуктах вони не є бажаними гостями.

Кеш'ю (*Anacardium occidentale*) — то взагалі щось страшне. Це суха кістянка на розрослій плодоніжці, яка нагадує яблуко. Але точно не горіх. Геть з горіхового клубу, самозванцю!

Це тропічне вічнозелене дерево, яке з'явилося в Центральній Америці, на Карибських островах та на півночі Південної Америки. Ще в 1550-х португальські колоністи почали успішно продавати ці смачні насінини кеш'ю по всьому світу (Joystick, 1996). Саме вони потім завезли рослину до Півден-

но-Східної Азії, і тепер саме цей регіон вирощує найбільше такої смакоти.

Але дістатися до ласощів не так і просто. Потужна двошарова оболонка ховає насінину за сімома токсичними замками. Алергенна фенольна смола й потужний подразник шкіри — анакардієва кислота — перетворюють розкриття плоду на ганебну втечу від рослини, навіть якщо ви величаєте себе верхівкою харчового ланцюга. Саме через це в магазинах і на ринках ви не побачите плоди в оболонці — вони влаштовують на розкладках нудистський пляж для вашої ж безпеки! Але вони можуть її і порушити, якщо у вас є алергія до низки білків усередині насінини. Алергія на кеш'ю особливо розвинена у європейців.

З оболонок плодів виготовляють олію, яку можна використати і для обробки деревини, й у хімічній промисловості для виготовлення композиційних матеріалів.

Плодоніжка теж знаходить своє використання. Її повсюдно називають яблуком, хоч вона радше нагадує грушу. Їж її, пий, шаленій від карі з нею. Але, звісно, не в Україні, бо ця ніжна запчастина кеш'ю живе менше, ніж популярність середньостатистичного сучасного репера.

Король горіхів — голий король. Хоч у нього є потужна захисна оболонка, але він усе ж не горіх, хоч би щоб там говорила назва. Бразильський горіх (*Bertholletia excelsa*) має багато насінин усередині, і такі плоди називають коробочками.

Окрім титульної країни, рослина зростає ще й у Венесуелі, Колумбії, Перу та Болівії.

Родова назва вшановує хіміка Луї Бертоля (його ще увіковічнює відома сіль). І щоб прославляти вченого помітніше, це дерево вимахує понад 50 м угору й може стовбичити на горизонті до 1000 років.

На гілках таких гігантів утворюються мініатюрні квітки, у які не кожен запилювач залізе. І тут на допомогу бразильському горіхові приходять орхідеї. Вони рясно вкривають гілки дерева й випускають аромати, які приваблюють дрібних самців бджіл *Euglossa*. А от уже за ними підтягуються потужніші самки, які запилюють і бертолетію.

У результаті утворюється важкенький плід, який з усім гамузом важить до 2 кг. Коли така штука падає з висоти 50 м, то наслідки можуть бути трішки серйознішими за відкриття закону гравітації.

Потужна коробочка мало кому по зубах. Мавпи капуцини здатні розбити цю скарбничку за допомогою примітивних знарядь, щось подібне можемо влаштувати й ми з вами, а от для більшості тварин ці поживні ресурси лишаються недоступними. Лише деякі гризуни, серед яких найвідомішими ласунами бразильських горіхів є агуті, можуть прогризти вхід до коробочки та просунути туди голову, щоб випорожнити цю екологічну упаковку. Агуті часто сприяють поширенню плодів: вони розфутболюють бразильськогорішні м'ячі по всіх закутках лісу про запас, але забувають, де саме цей стратегічний запас зберігається.

Абсолютна більшість насінин збирається в дикій природі, адже плантації малопродуктивні, а дерева ростуть повільно й не поспішають утілювати бізнес-план підприємців. Люди також спокушаються якісною деревиною, що є значною загрозою для існування цього виду. З насінин чавлять олію, яка раніше часто використовувалася для змащення деталей годинників.

І так, ці «горішки» ще й радіоактивні. Завдяки потужній кореневій системі вони накопичують радій у концентрації 40–260 Бк/кг, що в 1000 разів більше, ніж в інших рослин. Але, як з'ясували Джонатан Габей та Ірвін Сакс (1969), більшість цього радіоактивного елемента організм не поглинає під час споживання — можете світитися від радості.

Здається, ці витребеньки ботаніків не дають нам жодного шансу натрапити на справжній горіх. Але коли надії лишається менше, ніж молекул діючої речовини в гомеопатичному засобі, на сцену виходить вона — **ліщина** (*Corylus avellana*).

Вона дико зростає в українських лісах і відповідає всім суворим вимогам до звання горіха. Під потужною оболонкою розташована єдина насінина, переповнена жирами, крохмалем і білком. На теренах Європи цими калорійними плодиками ласують ще з мезоліту, щонайменше 8000 років, про що свідчать археологічні знахідки із Шотландії та Англії (Moffat, Alistair, 2005).

Людина давно одомашнила високі кущі й вирощує їх поблизу своїх будинків чи навіть на планта-

— Що значить «ліщина — справжній горіх, а я лише горішок»?

ціях. Окультурені крупноплоді сорти відомі ще як фундук, але це та сама ліщина тільки в ярмі. Хоча іноді й не та сама, бо до фундуків іноді зараховують і одомашнені форми інших видів роду Ліщина. Цю назву найкраще використовувати для самої сировини, яка отримується від рослини, а ліпше взагалі не використовувати, шматуючи цей соціальний конструкт бритвою Оккама.

Ліщина входить до складу Київського торта у вигляді як потрощених горіхів, так і борошна, але найбільше полює на цей продукт компанія Ferrero SpA, яка в гонитві за виробництвом пасти Nutella й цукерок Ferrero Rocher скуповує 25 % світового урожаю культивованої ліщини. Міжнародним гегемоном із продажу ліщини є Туреччина, яка не цурається використовувати нелегальну дитячу працю на плантаціях, що спричинило гучний скандал у 2019 році та ніяк не вплинуло на продаж сировини.

А ось і ще один представник горіхової таємної ложі — **каштан**. Але не той погризений міллю бідося на київських вулицях — гіркокаштан кінський, а справжній — каштан посівний (*Castanea sativa*).

Каштан посівний пересидів останній льодовиковий період у південноєвропейських, кавказьких і малоазійський схованках. Уже у 2100–2050 роках до н. е. цей вид починає розширювати свій ареал за допомогою людей. Але порівняно з іншими культурами рослин його мандрівки в межах сучасної Туреччини, Греції і Болгарії були не дуже масштабними (Conedera, 2004).

Не раз згаданий у цій книжці Теофраст у III столітті до н. е. описував, наскільки чудова деревина та вугілля в каштана, але лише раз побіжно згадав

його поживні горіхи, а точніше проблеми з травленням, які вони можуть викликати.

У Римську імперію каштан потрапив саме завдяки грекам. Пліній Старший писав про дивну тягу вирощування *Castanea sativa* у середовищі колонізаторів із Греції. Римська аристократія не дуже шанувала цей горіх.

Той же Пліній говорив, що природа спеціально заховала фрукт у колючу обгортку, щоб ніхто до цієї гидоти не дістався.

Однак уже в період 100–600 років крижане серце римлян почало танути, але це глобальне потепління пов'язувалося не з прозрінням щодо смаку каштанів, а із чудовими властивостями деревини, заради якої дерево й стали масово вирощувати (Conedera, 2004).

А от уже в ранньому Середньовіччі значна частина Європи з радістю наминала плоди *Castanea sativa* та ще й добавки просила. Ця мода тривала аж до XX століття, коли сільське населення почало стрімко надягати на себе шати містян та забувати про поживні горіхи. Зараз культура поїдання каштанів відроджується, але так жваво, як рухається ваша маршрутка, коли не встигаєте на роботу.

Каштани споживають сирими, їх смажать, часто вкриваючи вологою ганчіркою згори, щоб не пересушити. Окрім того, їх цілком можна зварити, але перед киданням плоду в каструлю зробіть на ньому хрестоподібний надріз. Можете утриматися від цієї маніпуляції та спровокувати на кухні вибух каштанових бомб (під час приготування насінина збільшується в об'ємі). Але нікому не говоріть, що прочитали таку пораду в цій книжці.

Каштан нас не здав би! Він настільки брутальний, що може рости на схилі вулкана Етни за лічені кілометри від кратера. І там він досі зростає не хирлявим стовбурцем, а епічним деревом Castagno dei Cento Cavall — Каштаном сотні коней, вік якого за

Voyage pittoresque des Isles de Sicile, de Malte et de Lipari, 1782. *Жан-П'єр Пуель*

різними оцінками від 2 до 4 тисяч років. У 1780-му було обміряно діаметр загального стовбура цього організму — і це 57,9 м!

Щоправда, загальний стовбур перетворився на багато додаткових, тому технічно це не дерево, а здоровецький кущ із порожниною всередині. Відповідно до канонічної легенди, саме в ньому під час грози заховалася королева Джованна Арагонська разом зі 100 кінними лицарями. А ми пропонуємо вам сховатися від цих горіхових загадок у невизначеності горішків. Пора стрибати в гречку!

Гречка (*Fagopyrum esculentum*) — продукт, який має стратегічне значення в Україні. Ця рослина не одного депутата привела до омріяного крісла, челенджі з її накопичення під час будь-якого катаклізму поширюються магазинами — і то без усіляких тік-токів з інстаграмами. Гречка — це сакральна цінність. Гречка — це сила духу. Гречка — це горішок.

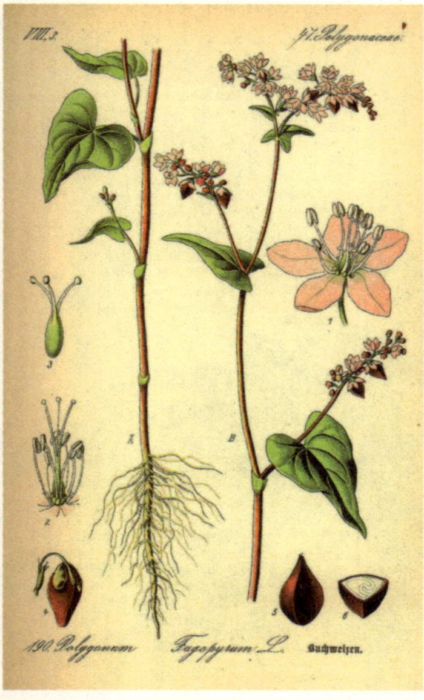

Гречка

Власне такий у цієї рослини тип плоду. Їмо ми кашу вже зі зварених насінин, але якщо в тарілку просочився вкритий темною твердою оболонкою агент — то це плід у всій своїй екзокарпній красі. Він схожий на горіх. Такий само сухий, з такою ж здерев'янілою оболонкою, такий же однонасінний, але дуже маленький.

На наших столах ця рослина так прижилася, що ми вже давно вважаємо цю зайду своєю в дошку. Як і більшість усього у світі, ця культура Made in China.

Вважається, що процеси її одомашнення почалися за 6000 років до нашої ери на території Центральної Азії, переважно в межах сучасної провінції Юньнань (Ohnishi; Matsuoka, 1996). Але вона швидко розповсюдилася по земній кулі й уже у 2006-му сорти, створені в Канаді, наче Магеллан, повернулися в Китай, зробивши навколосвітню подорож на зло всім плоскоземельцям.

Гречка має безліч чеснот: у ній до 13 % білка, 3 % жирів та 72 % вуглеводів, з яких 10 % припадає на харчові волокна. Це смачний низькокалорійний продукт, з якого можна не лише зварити кашу чи спекти гречаники. В Азії гречка — це насамперед борошно, з якого роблять безліч видів вермішелі. У Кореї з неї виготовляють мармеладку під назвою *мемілмук*. Але якщо є гречані десерти, то мають бути й напої.

І ними хоч залийся. Якщо алергія на глютен не дає вам посмакувати пивом — то ви просто ще не знайшли гречане, адже в ньому немає гліадину, гордеїну та прагнення вбити ваш чутливий до цих сполук організм. У Франції і США з гречки женуть добряче віскі, а у Японії 25-градусну субстанцію — сьотю. Проте якщо алкоголь вас не цікавить, саме час заварити гречаний чай. На суху сковорідку киньте сирих насінинок цієї рослини, добряче їх підсушіть, а потім залийте окропом. Ви неймовірні, навіть якщо ваш чай нагадує суп.

Проте в кожної монети є зворотний бік. Якщо якась частина рослини корисна, то це не означає, що її треба в ЗСЖ-ному запалі поглинати всю. У гречки найкраще обмежитися горішками. Мода на мікро-

— Гречка, до чого ж ти мене довела!

салати й поїдання квіток цієї рослини обертається опіками від сполук фагопіринів, адже останні перетворюють гречку на лайтову версію борщівника. Тому стрибати у гречку — насправді досить пікантне й навіть пекуче в усіх сенсах заняття.

Розділ 9

Зернівки істини і сім'янки правди

Якби горішок мав тоненьку шкірясту оболонку, то він став би зернівкою. І такий тип плоду дуже поважає людська цивілізація.

Здається, що ми розділилися на секти любителів пшениці, кукурудзи і рису. Ці злаки правлять світом і добряче допомагали нам розвинутися до того рівня, щоб ви читали цей текст на висушеній білій каші з клітинних стінок рослин чи навіть на екрані якогось технологічного гаджета. Так, це все через вранішню миску злакових пластівців.

Кожен кулик до свого болота звик, а тому ми почнемо з **пшениці**. Великий рід *Triticum* дає нам багато їжі для роздумів та й загалом багато їжі.

Люди давно звернули увагу на зернівки пшениці — крохмалисті поживні скарбнички калорій, які масово зростали в дикій природі. Нам невідомо, як виникла блискуча ідея не ходити в пошуках заростей диких популяцій, а взяти насіння й посадити на ланцюг вирощування там, де зручно. Під час цих процесів прадавні селекціонери відбирали мутантні форми, у яких зерна міцно трималися до осі суцвіття, а не осипалися вниз під впливом безсердечної сили гравітації.

Археологічні знахідки вказують на те, що пшеницю вирощували на території Родючого Півмісяця (Левант, Месопотамія та Єгипет) ще за 9600 років до н. е. (Colledge, 2007). Тут використовувалася полба, яку ще називають емером або навіть двозернянкою (*Triticum dicoccum*). Вона захищає насінину потужними плівками, але поганенько тримає плід на пагоні.

Пшениця однозернянка в процесі одомашнення з дикої форми *Triticum boeoticum* стала культурною *Triticum monococcum*. Не те щоб її зернівки віталися та використовували ніж із виделкою під час вечері, але завдяки процесам штучного добору на території

Пшениця м'яка (зліва) та однозернянка (справа)

півдня Туреччини врожайність цієї культури суттєво збільшилась.

Однозернянка має диплоїдний геном (є ексклюзивним власником двох копій усіх інструкцій до організму, написаних на мові програмування ДНК природним добором), а двозернянка — це вже тетраплоїд із чотирма копіями. На наших столах найчастіше можна знайти гексаплоїди, у яких геном перезаписаний шість разів. На археологічній стоянці Чатал-Гьоюк за 6400–6200 років до н. е. такі рослини вже були (Bilgic et al., 2016).

Рештки сучасної пшениці м'якої (*Triticum aestivum*) відомі з терен Македонії та датуються 1350 роком до н. е. Саме ця культура є королевою сучасних пшениць та однією з наймасовіших одомашнених рослин світу. Сучасні її сорти мають короткі стебла, що є результатом дії генів карликовості RHt. Вони знижують чутливість до гіберелінової кислоти — гормона рослин, який наполегливо видовжує клітини.

Проте якщо черговий політик вішає вам локшину на вуха — вимагайте від нього хоча б макаронні вироби з пшениці твердої (*Triticum durum*). Вона най-

— Спагеті на вухах — вони повсюди!

краще підходить для пасти, через що за масштабами вирощування цей вид займає другу сходинку пшеничного п'єдесталу.

Успішність цих двох видів пшениці пов'язана з безладними схрещуваннями генетичних ліній, які призвели до суттєвого підвищення рівня глютену та його побічного ефекту — значного покращення якості хліба й локшини. Але справжня побічна дія виникає в людей, які не переносять цих сполук через генетичні порушення. Унаслідок цього імунна система починає вважати білкові комплекси пшениці й інших злаків шкідниками народного господарства та знищує їх з таким ентузіазмом, що самому організму стає непереливки.

Страх перед глютеном призводить до того, що його починають вважати абсолютним злом навіть люди, які спокійно засвоюють цей білок. Але це так само, як припинити спілкуватися з усіма представниками виду людина розумна через те, що певний відсоток у популяції не любить ботаніки. Це ж не означає, що всі гомосапієнси такі безсердечні гади!

Кукурудза (*Zea mays*) давно не цариця полів, але безумовна суперзірка кінотеатрів (ці сторінки писалися ще в ті часи, коли люди пам'ятали, що таке кінотеатри). Разом із попередньою героїнею пшеницею та азійським тигром рисом це один із трьох найголовніших хлібів людства.

І не лише хлібів — близько 40 % світового врожаю чекає, доки магія процесів бродіння перетворить його на етанол.

Довгий час існували теорії змови, відповідно до яких дикі родичі кукурудзи невідомі й цю культуру людству подарували давні раси роботів чи прибульці

Теосинте **Сучасна кукурудза**

з-під мантії Землі. Шкода, але все значно прозаїчніше. Кукурудза — це одомашнена версія теосинте (*Z. m. parviglumis*). Через відбір за ключовими мутаціями із сірої мишки диких варіантів качана утворилося масивне солодке одсробло з лікоть завбільшки.

Одомашнення цієї культури почалося з теренів Центрально-Південної Мексики. Вважається, що долина річки Бальзас була єдиним центром цього процесу ще 9000 років тому (Matsuoka et al., 2002).

Нещодавно Натан Вельс і Хасмін Рамос-Мадригал із Копенгагенського університету та їхні колеги з'ясували, що вже 5000 років тому люди культивували генетично модифіковану кукурудзу (за допомогою випадкових мутацій штучного добору, звісно), адже вона більше нагадувала сучасні сорти, ніж диких родичів (Uels et al., 2016).

Учені дослідили геном зернівок кукурудзи віком 5310 років, яку вирощували на теренах сучасної Мексики. Навіть у такому давньому посівному матеріалі прихований фенотип рослин, які втратили жорсткі покриви довкола насінини, і саме тому їх можуть споживати люди, а не лише щасливі володарі титанових зубів.

Дослідники вважають, що виведення м'якоплодих кукурудз було першим кроком в одомашненні цієї культури. Водночас інші гени, що зазвичай є в нинішній кукурудзі, 5000 років тому були відсутні, включно з тим, що зумовлює розлускування зернівок під час смаження.

Саме тому, напевно, кінематограф був малопопулярний 50 століть тому.

А тепер ще одна зернівка на злаковому марші! **Рис** (*Oryza sativa*)! Це одна з наймасовіших сільськогосподарських культур, яку можна запхнути майже в усі страви — від гарніру до десерту.

На прилавках магазинів найчастіше завсідниками є довгий і круглий рис. Але часто ці роздягнені від плівок зернівки ділять на три групи:

- довгонасінний рис, що містить багато вуглеводу амілози, через яку не злипається після приготування;
- середньонасінний, у якому багато амілопектину і який найкраще запхнути в суші, ризото чи навіть голубці, адже він чудово липне;
- дрібнонасінний, що найчастіше перетворюють на пудинги.

Люди одомашнювали рис щонайменше двічі — один раз в Азії, а ще раніше в Африці. І використовували для цього різні види диких предків.

Дрібнонасінний рис *Середньонасінний рис* *Довгонасінний рис*

Найпоширеніший зараз азійський рис (*Oryza sativa*) був одомашнений у долині річки Янцзи в Китаї 13 500—8200 років тому (Vaughan et al., 2008).

Щоб визначити еволюційну історію африканського рису, Франсуа Сабо, Ів Вігуру та їхня команда у Французькому інституті досліджень розвитку в Монпельє проаналізували геноми 163 сортів африканського рису (*Oryza glaberrima*) та 83 зразків його найближчого дикого родича — *Oryza barthii*. Дикі зразки із Західної Африки виявилися найтісніше пов'язаними з культурними сортами, і подальше моделювання визначило Малі як імовірне місце одомашнення (Cubry et al., 2018).

Дані геному також показують, що вирощування африканського рису, яке пережило розквіт приблизно 2000 років тому, різко впало приблизно через 1500 років після того. Автори припускають, що це відбулося через широкий імпорт азійського рису (*Oryza sativa*).

Зовні африканський рис не дуже відрізняється від азійського. Він має невеликі, грушоподібні зерна в червоній оболонці й низку недоліків для вимогливих представників нашого виду: зерна цього виду крихкіші, гірше поліруються, та й загалом рослина не така врожайна. Проте вид значно стійкіший до хвороб і шкідників.

Крім того, африканський рис є джерелом нових генів, що збільшують генетичне різноманіття культурного рису, а це важливо для виведення нових сортів і боротьби з хворобами та шкідниками.

На початку XXI століття було створено «новий рис для Африки», гібрид двох видів. За оцінками науковців, якщо 25 % рисових фермерів Гвінеї, Кот-д'Івуару та Сьєрра-Леоне перейдуть на новий сорт, щороку вдаватиметься врятувати 20 млн доларів.

Зберігати кошти виробникам рису дуже важливо. Адже, здається, цю рослину хочуть з'їсти всі бактерії цього світу.

Відтоді як молекулярні ножиці технології CRISPR-Cas9 потрапили в руки дослідників, у любителів суші, плову та ризото з'явилася нова надія. Одна з найважливіших культур на нашій планеті — рис — отримала захист від руйнівної бактеріальної інфекції.

Прокаріотична крихітка *Xanthomonas oryzae* patovar *oryzae* іноді лютує на посівах, зводячи нанівець усі старання фермерів. Втрати рисового врожаю часто досягають 75 %! Оскільки для мільярдів людей така культура є основним продуктом харчування, то це справді серйозна загроза.

Щоб знайти вразливе місце у стратегії нападу бактерії, Рікардо Оліва з Міжнародного інституту досліджень рису в Манілі (Філіппіни) і його колеги вивчали гени *Xanthomonas oryzae*, які кодують білки під назвою TALE. Організм паразита використовує ці білки для того, щоб вмикати рослинні гени SWEET, які виробляють молекули транспортування цукру. Такий хитрий трюк надає бактеріям доступ до поживних речовин у листках рослин. *Xanthomonas* теж любить солоденьке (Quibod et al., 2019).

Проведений аналіз 63 штамів бактерії показав, що кожен штам має один або кілька варіантів білків TALE. Кожен варіант може активувати щонайменше один із трьох генів SWEET.

Дослідники використовували редагування генів CRISPR-Cas9 для заміни трьох генів SWEET, виявлених у сортах рису, які вирощуються по всій Азії та Африці.

Після такої підміни понять бактеріальні білки TALE більше не могли активувати відредаговані гени: у *Xanthomonas oryzae* нахабно забрали ключі від квартири.

Рослини рису з відредагованими генами стійкі до щонайменше 95 штамів бактеріального збудника захворювань, але нестійкі до хтонічного жаху багатьох верств населення щодо безпечності цих продуктів.

Проте не лише шкідники хочуть знищити врожай рису. З успіхом його зменшують і бур'яни. Деякі з них, щоб успішно використовувати ресурси рисового чеку, вдаються до феноменальних перетворень.

Бути бур'яном насправді крута ідея. Ти живеш посеред рослин, за якими стежить людина, отримуєш щедрі подачки добрив і життєдайної вологи від людини й не дуєш ні в які вуса, адже ти не якийсь там горох.

Але іноді людина не хоче миритися з таким нахлібником, який притісняє її улюблені рослинки, і починає тихе полювання за шкідливими на її егоїстичний погляд рослинами. І тут ідеальним рішенням є замаскуватися, стати вовком в овечій шкурі. Якщо фермер не ботанік з науковим ступенем, то такий трюк спрацює.

Науковці називають такий лайфхак мімікрією Вавилова. Ряд видів за досить короткий період людської метушні з одомашненням організмів сформували пари «культурна рослина — бур'ян». Це дає змогу безлімітно користуватися перевагами ниви й не сплачувати абонплати.

Звучить чудово, але насправді доказова база в такого типу мімікрії на геномному рівні була слабенька. Що ж, відчиняйте двері — заносимо її цілий мішок!

Китайсько-американська команда науковців під керівництвом Лунцзяна Фана опублікувала свої дослідження вавилівсько-мімікрійної пари рис-плоскуха (Chu-Yu et al, 2019). Ну, з рисом усе добре, можливо, ви ним навіть сьогодні снідали, а от плоскуха (*Echinochloa crus-galli*) — хто взагалі така?

Ця рослина досить масова на полях і рудеральних ландшафтах України. Дуже мінливий вид, здатен здійснити підміну понять для працівника, який вирішив уручну очистити поле рису від надокучливих плоскух. А спробуй їх відрізни!

Загалом плоскуха не завжди така рисоподібна. На рисових чеках вона постає у прямостоячій подобі, тоді ж як в інших умовах може буквально стелитися по землі.

Ба більше, в умовах посівів рису *Echinochloa crus-galli* зеленіша за більшість у Верховній Раді України

2019 року, тоді ж як поблизу найближчої калюжі основи її стебел червонясті. Міжвузля також в умовах поля прямі, а не викривлені, а листки зібрані, а не розчепірені в різні боки.

Щоб з'ясувати, наскільки вигідно косплеїти плоскусі рис, науковці обчислювали індекс мімікрії для модельних особин, де враховувалися всі чотири ознаки. Параметр показував, наскільки вдалося підробити культурну рослину.

Дослідники зібрали насіння з 328 локацій у басейні річки Янцзи. До їхніх загребущих рук потрапляли зразки як з місць культивування рису, так і з рудеральних угруповань далеко від них. Учені вирощували насіння з кожної точки в теплиці, а потім висаджували їх на рисових чеках. Досягнувши віку трьох тижнів, вони складали іспит з мімікрії.

Рослини з рисоподібним виглядом мали індекс мімікрії десь 8 балів, інші варіанти вигляду плоскухи ледь витягували на двієчку. Науковці розшифрували геном кожної модельної рослини і знайшли в них 9 мільйонів невеликих замін геному для створення рисової подоби. Якщо шукаєте роботу для Попелюшки — то це саме вона.

Побудоване дерево спорідненості за цими замінами розділило досліджені рослини на три групи. Перша — рослини з рисоподібним виглядом, друга — зі звичайним, а третя — їхня суміш. Утворення трьох чітких груп свідчить про те, що рисоподібний варіант тіла плоскухи має єдине походження.

У мімікрантів значно нижче генетичне різноманіття у власних популяціях. Усі варіанти генетичних замін, які є в них, є й у розпростертої форми.

Таким чином, рисоподібна структура плоскухи утворилася від розпростертої, і сталося це не так давно — близько тисячі років тому. Саме в цей час у долині річки відчувалася рука правлячої династії Сун.

Кількість населення суттєво зросла, а рис замінив пшеницю.

Розподіл мутацій, які сприяли становленню рисоподібного вигляду бур'яну, свідчить, що переважно для цього було використано 1986 генів. З них 87 точно відповідають за архітектурний план побудови рослини. Ген LAZY 1 контролює кут росту пагона, адже визначає розподіл гормона росту ауксину. До речі, у геномі рису цей самий ген був вагомим чинником штучного добору. Людина самостійно обирала рослини, які гордо виставляли соломини своїх стебел угору, а тепер подібним зайнялася і плоскуха.

Та годі вже переминати стебла бур'янам — краще візьмімося за щось корисне. Наприклад, розрізнення зернівок і сім'янок. Сім'янки теж є володарями однієї насінини, однак їхній шкірястий покрив плоду жорсткіший, але ніколи не зростається з насіниною.

Такі плоди є у справжніх сонечок, адже наукова назва **соняшників** (*Helianthus*) має грецьке походження та гугл-транслейтом перекладається як Квітка Сонця. Серед усіх представників роду лише соняшник однорічний (*Helianthus annuus*) став суперзіркою з безперервним світовим турне, яке триває вже кілька століть.

Кораблі відважних і жорстоких мореплавців перевезли його насінини через Атлантичний океан у Європу. У новій домівці десятки років його вирощували на квітниках, навіть не подумавши чавити з нього олію чи споживати насіння в характерних напівсидячих позах у під'їздах панельних будинків.

Із соняшника у великій кількості виготовляють халву, яка у Східній Європі не дає жодного шансу на успіх кунжутній.

Ця рослина дуже виснажує ґрунти, але таку її надздібність іноді використовують для очищення територій від радіації. У Чорнобильській зоні *Helianthus annuus* напружено працював, щоб витягнути з ґрунтів цезій-137 та стронцій-90. На ставку ліквідатора рослину запросили й у зону іншого лиха — аварії реактора на Фукусімі.

Helianthus annuus повертає свої нерозквітлі суцвіття до сонця, наче ви — голову, коли в тролейбусі шукаєте кондуктора. Коли кошики розплющують свої оченята, рух рослини припиняється. Тому може здатися, що нав'язливе стеження за світилом на небі — це чергова вигадка.

У 1979 році Гельмут Фогель так захопився розподілом насінинок на кошиках соняшника, що вивів формулу, яка допомагає вирахувати положення кожного плоду в середині суцвіття, що сконструйоване за кресленнями спіралі Ферма (Vogel, 1979).

$$r = c\sqrt{n},$$
$$\theta = n \times 137{,}5°,$$

де θ — кут, r — радіус, або відстань до центра, n — індекс, або номер квітки в суцвітті, c — константний масштабувальний фактор

Соняшник захоплював своїм неймовірним габітусом і магічно-релігійним символізмом письменників та художників. Ван Гог присвятив *Helianthus annuus* аж 11 картин і страшенно тішився з того, що Гоген називав його соняхи кращими за конкурентні соняхи Моне. Також ім'ям цього виду названа галактика в сузір'ї Гончих Псів — M 63, NGC 5055.

Але в житті треба бути готовим опинитися на звалищі. Сім'янки соняшника це роблять постійно. І якщо ви соняшник, вам лишається повертати нерозквітлі суцвіття до сонця, наче голову в пошуках тролейбусного кондуктора, розгортати спіраль Ферма свого суцвіття, розгинаючи витки власної спіральної галактики в сузір'ї Гончих Псів.

Розділ 10

Боби, стручки й коробочки

Що доводить ботаніка до сказу на базарі? Коли продають стручки **гороху** (*Pisum sativum*). Та який же це стручок? У стручку насінинки мають прикріплюватися до додаткової внутрішньої несправжньої перегородки плоду, тоді як у гороху вони чемно лежать на двох справжніх, які побудовані зі стінок зав'язі. Тому горох — це справжній біб, на що красномовно вказує родина, до якої він належить, — Бобові (як дістали ці спойлери!).

Навесні ми обожнюємо полювати за недозрілими плодами гороху, які придатні до споживання цілком, а от у давнину його вирощували переважно заради висушених насінин. Одомашнення гороху відбулося в епоху неоліту в межах Середземномор'я. У III столітті до н. е. Теофраст уже писав, що горох масово садили пізно взимку. Але в I столітті Колумелла вказував, що римські легіонери доповнюють свої харчові пайки зібраними на пляжах плодами

Якщо у твоєму горосі є перегородка по центру, то в мене для тебе погані новини

дикого гороху (Maguelonne, 2009). Що ж — від такого десерту складно відмовитись!

Цю практику продовжили й у Середньовіччі, коли поживний вміст бобів рятував населення від голоду.

Мода на молодий «садовий» горох — це вже пізнє надбання сучасної Європи: у літературі про нього згадують лише в XVII столітті. А сучасні сорти, у яких насінинка розпадається навпіл, виникли лише в XIX столітті (Maguelonne, 2009).

Монах Грегор Мендель так любив спостерігати за зміною забарвлення й поверхні насінин, що навіть відкрив низку фундаментальних законів генетики.

Більшість же світу відкрила в гороху багату на білок поживну їжу з низьким вмістом жирів. Каші різної консистенції, супи будь-якого ступеня гомогенності, пудинги й навіть десерти — це все горох.

Але горох відомий ще й однією літакобудівною історією. Трапилася вона під час Другої світової війни. Британія витрачала багато зусиль, щоб оптимізувати виробництво винищувача Supermarine Spitfire. Для згладження поверхонь використовувалися ручні заклепки, які здорожчували літак, робили його виготовлення довшим і складнішим. Кріплення із шапинками гвинтів були дешевшою та швидшою альтернативою, але погіршували аеродинаміку літака (McLelland, 2013).

Інженери наклеїли половинки горошин на всі гладкі заклепки, щоб вони імітували шапинки гвинтів. Це знизило швидкість літака на 35 км/год, що, звісно, було неприпустимим. Потім горох поступово видаляли, щоб визначити, які заклепки справді треба робити гладкими, а над якими можна не заморочуватися. Як не треба заморочуватися й над вечерею, якщо в запасі є пачка чудового гороху!

А хто тут ще сидить на бобах? Хвилинка модних продуктів у нашому фруктовому розділі! І присвячена вона вічнозеленій рослині Середземномор'я — **ріжковому дереву** (*Ceratonia siliqua*).

Коли відквітують його маленькі сором'язливі суцвіття, на їхньому місці з'являться досить великі боби! Якщо розламати сухий плід, можна відчути нюховими рецепторами солодкий запах дріжджів.

Через таку властивість *Ceratonia siliqua* у багатьох країнах світу називають хлібним деревом святого Іоанна, щоб відрізнити його від справжнього власника бренду з родини Шовковичні.

Висушений порошок цієї рослини називають *керобом*. Усе, що роблять з какао, можна зробити й з ним, а, як відомо, з какао можна зробити майже все! Його можна споживати в сирому вигляді, готувати з нього напої, шоколад і випічку. І, на відміну від какао, кероб не містить у складі ні теоброміну,

ні кофеїну, через що його не забороняють дітям і вагітним.

Наявність у насінні складного вуглеводу полігалактоманану зумовлює його твердість, а також постійність маси (близько 0,19 г). Саме тому із часів Римської імперії насіння ріжкового дерева використовувалося як міра ваги — карат.

За допомогою насінин одного боба можна переважити всю біжутерію в домі. Не дякуйте за лайфхак для вашого змістовного дозвілля.

Здебільшого стручки повністю в їжу не вживаються, а от дорогоцінні насінини всередині — ще й як! Особливо якщо вони належать представникам роду з назвою, гіркішою за долю українського науковця, — **Гірчиця**. Власне з тих гірчиць, які йдуть до складу однойменного соусу, до цього роду належить лише гірчиця біла (*Sinapis alba*), тоді ж як гірчиці сарептська й чорна належать до роду Капуста — *Brassica juncea* та *Brassica nigra* відповідно.

Біла гірчиця має найм'якший аромат через знижений вміст ефірних олій. Гострий смак у неї генерує речовина синальбін. Соус із цієї рослини найчастіше підфарбовують куркумою.

Капуста сарептська утворює так звану коричневу гірчицю, яка значно гостріша за жовту через солідний вміст гірчичної олії. А от капуста чорна довго була єдиною популярною сировиною для гірчиці. Лише в 1950-х вона зійшла з п'єдесталу, поступившись сарептській гірчиці, оболонка насіння якої знімається значно легше.

Імовірно, кулінарні експерименти з гірчицями розпочали римляни. Вони замішували розмелене насіння з виноградним соком та отримували пекельне пійло (Hazen, 1993). А от уже в анонімній книзі

Коли твій гірчичний соус має достатню концентрацію гірчичної олії

IV–V століття De re coquinaria є справжній рецепт гірчичного соусу. Якщо йдете на закупи, не забудьте про складники для нього: мелену гірчицю, перець, кмин, любисток, коріандр, кріп, селеру, чебрець, орегано, цибулю, мед, оцет, рибний соус та олію. Усе — нарешті ви зможете полити запеченого кабана нормальним соусом.

Римляни продавали гірчичне насіння в Галлію, і лише в X столітті тамтешні монахи почесали свої потилиці й вирішили вирощувати її самі. А в XIII столітті Діжон уже стає потужним центром вирощування гірчиці. Про популярність цього продукту свідчать записи одно заїзду, який для гостей замовляв 320 літрів унікальної гірчиці, розробленої за спеціальним рецептом з додаванням білого вина (Hazen, 1993).

У Британії гірчицю вживали щонайменше з 1390 року, про що свідчить рецепт шеф-кухаря короля Річарда II. Він змішував гірчичні зерна з борошном і корицею, виліплюючи з маси невеликого колобка, якого за потреби можна було швидко розвести з вином та оцтом — й отримати шедевральний соус.

Традиційне використання гірчиці в хот-догах було вперше помічено лише в 1904 році на ярмарку в Сент-Луїсі (США). Цієї знаменної події, коли поєдналася ідеальна версія фаст-фуду з ідеальним соусом до нього, довелося чекати приблизно 2 тисячі років із часу активного використання гірчиці. Подумайте над цим двічі, коли наступного разу попросите сосиску в булці без гірчиці. У вас узагалі совість є?

Ми часто називаємо плоди **ванілі** стручками, але не робіть так заради всіх ботанічних богів! Як і всі орхідеї, після запліднення ваніль конструює плід — коробочку, де всередині упаковано безліч маленьких насінин. Це насіння настільки дрібне, що може поширитися вітром на десятки кілометрів, але там так мало поживних речовин, що ваніль не здатна прорости сама. Щоб вона з'явилася на світ, треба допомога гриба. Якщо це буде не той гриб чи його взагалі не буде — плакав ваш урожай ванілі дрібними, як її насіння, сльозами.

Чисельність людства невпинно зростає. Апетити нашого виду щороку зростають, і ми потребуємо більше їжі. Тому дедалі більше територій нашої крихітної планети перетворюються з карети природних оселищ на гарбуз плантацій, ферм і пасовищ.

За різними оцінками, ми вже перетворили на сільськогосподарські угіддя від 30 до 50% суші. Але якщо зростання людства не збавить спринтерського темпу, то невдовзі ми рапортуватимемо про сплюндрування 70–100% планети (Godfrayet et al.,

2010). Біорізноманіття, звісно, на хліб не намастиш, але без нього високотехнологічна фортеця людства може виявитися картковим будиночком, що завалиться від впливу першого-ліпшого катаклізму.

І хоч ваніль — це символ ніжності й чистоти (усі знають, як складно виростити цю симпатичну орхідею, а ще важче — отримати її запашні плоди), але, виявляється, ця тремтлива красуня загрожує біорізноманіттю рослин. Диявол криється в деталях, а в ролі деталей — великий попит і нові способи вирощування популярної спеції.

Плантації «старої школи», які закладалися фактично в лісах, шкодили довкіллю мінімально, адже хоча б корінні дерева та чагарники не вирубували. А що ж тепер? Тепер десь 80 % світової ванілі плосколистої (*Vanilla planifolia*) виробляється на острові Мадагаскар. Країна отримує близько 200 мільйонів доларів щорічно, що робить пряношці другою за величиною статтею доходів країни. Лише нікелева руда дає Мадагаскару більше коштів.

Плантації ванілі займають на цьому острові 30 000 гектарів. І це рівно на 30 000 гектарів більше, ніж у другій половині XIX століття. Так, ваніль — не є рідною рослиною для Мадагаскару, адже походить вона з території Мексики.

Уперше з ваніллю познайомилася цивілізація ацтеків. Вони з радістю додавали коробочки цієї рослини в какао, а також використовували їх замість коштів. Жодної інфляції чи проблем з офшорами — плоди із часом псуються, тому чахнути над скринею із цими ботанічними скарбами від ацтекської податкової великого сенсу не було.

Європейці познайомилися з ваніллю лише в середині XVI століття. Ціна цих прянощів тоді була просто захмарною. Ексклюзивний імпорт, як не крути!

Спроби вирощувати орхідею на тропічних островах зазнавали невдачі. Точніше, росла вона непогано й навіть утворювала квіти, але на них ніколи не з'являлися плоди.

Справа в тому, що в себе на батьківщині ваніль має спеціалізовану бригаду запилювачів. Послуги з доставки пилкових зерен до маточки здійснюють меліпони — безжальні бджоли. У них справді жало редуковане, але відстояти свою честь у бою вони цілком можуть. Для цього існують укуси ротовим апаратом і широкий арсенал пахучих рідин, якими багатьом ворогам можна відсипати потрібну порцію горіхів. Майя вирощували безжальних бджіл і навіть їм поклонялися.

Але ці навички були недоступними європейським колоністам на багатьох островах, де залишена напризволяще без бджолиного сервісу запилювання ваніль зростала лише як декоративна рослина-пустоцвіт.

Усе змінилось у 1841 році. Доля ванілі вершилася руками 12-річного хлопчика на французькому острові Реюньйон.

Маленький Едмонд не мав навіть прізвища, бо був невільником. Він працював на Ферреоля Бельє-Бомона, який був затятим садівником і посвятив хлопця в тонкощі ботаніки. Едмонд відплатив сторицею — одного разу привів Ферреоля до ванілі й показав на ній молодий плід!

Малий дослідник відкрив спосіб самозапилення цієї рослини — і перед ними постала перша в історії коробочка ванілі поза межами Мексики. А ця магія потребувала лише загостреної бамбу-

кової палички, якою слід було підняти особливу перегородку квітки — ростеллум, яка й запобігала самозапиленню.

Хлопчик отримав свободу, а також прізвище Альбіус, що буквально означає «білий», оскільки він був першим темношкірим зі статусом вільної людини на острові. На певний час Реюньйон натягне на себе жовту майку лідера у ванільних перегонах. Із часом культура цієї пряної орхідеї розповсюдиться значно ширше, а пальму першості у її виробництві відбере Мадагаскар.

Але наскільки це впливає на природні ліси самого острова?

Сем Коттон із Бристольського зоологічного товариства вирішив перевірити, наскільки відрізняється рослинний покрив лісів північно-східної частини острова та плантацій ванілі в тому ж регіоні (Kotton et al., 2019).

На старих господарствах рівень видового різноманіття падав, але не дуже критично. Натомість на нових сяючих і суперпродуктивних плантаціях зникало до 70 % видів місцевих рослин.

Ця цифра лякає, і подальший розвиток ванільних плантацій, на яких уже зараз працюють 200 000 фермерів, може стати прихованою, але від того не менш серйозною загрозою для унікальних екосистем Мадагаскару.

Не дуже ванільна інформація, чи не так?

Ще одна коробочка, котру намагаються називати як завгодно, але не коробочками, — це **какао**! Вислів «какао-боби» всім відомий, але за змістовим наповненням він мало відрізняється від виразу «огірок-яблуко». Ну які ж це боби? Візьміть горох, наріжте його, як якусь ковбасу! Скільки насінин у перерізі? Одна — самотня, наче кількість вподобайок під моєю новою аватаркою. А от якщо розрізати так само плід какао, можна помітити, що там напхано насіннєвих пасажирів під зав'язку, наче в годину пік. Тому владою, наданою мені Міністерством освіти і науки та дипломом кандидата наук, проголошую какао коробочкою віднині й на віки вічні.

Сам ти біб!

Як давно людство підсіло на какао? Останні дослідження свідчать, що першими скуштували продукти какао-дерева жителі Південної Америки понад 5000 років тому.

Учені давно знали, що какао був ритуальним напоєм для людей доколумбової Мексики. Досі найдавніші археологічні підтвердження ласування какао (*Theobroma cacao*) сягали 3900 років тому. Ці докази було знайдено в Центральній Америці, але геномний аналіз показав, що місце походження дерева треба шукати в долині Амазонки. Тому зацікавлені вчені в пошуках старту нашої пристрасті до шоколаду попрямували на південь і дедалі глибше занурилися в минуле.

Майкл Блейк з Університету Британської Колумбії у Ванкувері та його колеги проаналізували залишки на посуді з археологічних пам'яток Санта-Ана (Ла-Флорида) у високогір'ях Еквадору. Неохайність представників культури Майо-Чінічіпе дозволила вченим видобути з досліджених зразків ДНК і зерна крохмалю дерева какао, й теобромін — природний стимулятор, характерний цій рослині (Blake et al., 2019).

Результати цього дослідження вказують, що люди почали вживати какао ще 5300 років тому, а це на тисячоліття раніше, ніж ми вважали до цього. Імовірно, представники культури Майо-Чінічіпе використовували какао як напій, їжу, ліки й енергетики. Тобто за п'ять тисячоліть нічого кардинально не змінилося.

Аналіз кераміки вказує, що вже в 1100–1200 роках до н. е. ці плоди охоче використовували місцеві жителі. Імовірно, вони не вміли виготовляти сам шоколадний напій і цілком задовольнялися «какао-пивом», яке отримували з плодів, що перебродили.

Лише на малюнках майя II століття ми бачимо докази приготування шоколаду. За свідченням іспанських літописців, імператор ацтеків Монтесума II не вживав інших напоїв, крім какао, яке йому подавали в золотому кубку. Окрім какао й води, рецепт містив інші вишукані прянощі, зокрема ваніль. Понад 50 великих посудин цього напою готували щодня для імператора й численної знаті, яка мешкала при його дворі.

Саме тому іспанці привезли какао до Європи як справжній скарб. Цей напій справді став дуже популярним у середині XVI століття. Його плоди широко використовували в алхімії, де вони мали загадкову назву «чорний біб». Але найбільшої слави ця рослина досягла в кулінарії, тому здається, що захоплення шоколадом вічне. Але паразити дерева какао іншої думки.

Какао зростає в тропіках у межах приблизно 20 градусів обабіч екватора. Раніше воно траплялося лише в долині Амазонки, але тепер пальму першості у виробництві шоколаду тримають африканські країни.

На превеликий жаль для любителів шоколаду, гриби також люблять тропічні умови. Відповідно до звіту Національного управління океанічних та атмосферних досліджень США, грибні захворювання найближчим часом можуть заразити всі відомі плантації какао-дерев.

Людство постало перед реальною загрозою втратити шоколад. І згідно з новим дослідженням, один з небагатьох шансів зберегти цей корисний вид — це потужний інструмент для редагування генів, відомий також як CRISPR-Cas9.

Шоколад — це більше, ніж смачні страви. За даними Всесвітньої какао-фундації, індустрія виробництва какао дає змогу виживати 50 мільйонам людей по всьому світу. Щоб зберегти дерево та його урожай, компанія Mars (виготовляє M & M's і Snickers) об'єдналася з дослідниками Інституту геномних інновацій (IGI) для створення рослин, стійких до деяких грибів і вірусів.

Їхнім головним інструментом є CRISPR-Cas9, укотре тут згадана пара молекулярних ножиць, яка дозволяє точно вирізати шматки ДНК. Вони вже працюють із саджанцями какао, шукаючи способи зберегти наявні насадження цієї культури.

Наскільки ефективними будуть досліди, стане відомо через 5–7 років, адже саме через стільки дерева цього виду починають плодоносити. На успіх у цьому експерименті чекають виробники й інших важливих культур: рису, маніоку та пшениці, для яких зміни клімату й шкідники також залишаються серйозними викликами. Як і для нас з вами — адже ми в одному човні, у якому бажано було б навернути чашку-другу какао, коли стає холодно.

Наступна коробочка настільки нелегальна, що читати про неї слід у таємному місці. Наприклад, на черговому матчі українського футбольного чемпіонату — там навряд вас хтось помітить.

У всьому винен **мак снодійний** (*Papaver somniferum*) і його наркобаронська слава. Власне молочний сік, який особливо щедро продукується недозрілими коробочками, є потужним джерелом опіатів — морфіну, тебаїну, кодеїну, папаверину, носкапіну й орипавіну. У багатьох народів світу ця суміш використовувалася як снодійний, знеболювальний та, нічого приховувати, наркотичний засіб. Низка цих активних сполук використовувалася й використовується в медицині, але нас ця рослина цікавить, звісно, зі значно адиктивнішого боку — боку кулінарії та ботаніки.

Кількість опіатів у насінні вкрай мала, але ніколи не дорівнює нулю. Саме тому в Сингапурі, Об'єднаних Арабських Еміратах та Саудівській Аравії забороняється навіть зберігання макового зерна. Ось чому використовувати маковий рулет як сувенір під час відвідин цих країн — не найкраща ідея. Проте в багатьох культурах мак — традиційна їжа чи то в пирозі, чи то в карі, чи то в каші. На свято Маковія в Україні з маку хіба що борщ не готують!

Свідчення використання маку сягають ще часів шумерської цивілізації, де лишилися речові докази зі слідами опіатів із IV тисячоліття до н. е. У бронзову добу на острові Крит опіум виготовляли мінойці. Давні греки вже називали молочко маку опіоном, і саме із цього ймення постане сучасна назва сировини (Askitopoulou et al., 2002).

Мак причетний до двох воєн — справжня мілітаристська сільськогосподарська культура. Перша

Коли весь ранок готували шулики

опійна війна стартувала 4 вересня 1839 року, коли британці вирішили провчити китайців за те, що вони заборонили вживання макового зілля у своїй країні. Правительці морів було не з руки таке рішення, адже в Індії англійці пожинали щедрий врожай наркотику, який треба було десь продавати. Китайці ж просто хотіли зменшити смертність та спинити падіння економіки, пов'язані із залежністю їхніх громадян. 2 роки 11 місяців 3 тижні та 4 дні британці витратили на те, щоб переконати Піднебесну в перевагах наркоманії. Друга опійна війна тривала вже 4 роки, але причини були ті самі. Єдина різниця — тепер на бік Британії вписалася ще і Франція. Історія справді циклічна.

Але не зациклюватимемося лише на сухих фруктах, а то ж фанати кулінарної класифікації рослинних продуктів нас заклюють!

Розділ 11

Ваші ягоди несправжні!

У ягідному клубі настали непрості часи! Взаємні звинувачення й підозри призводять до позбавлення обраних членства в цій організації. Влаштуємо ж ботанічний рейд по його завсідниках! Ягодами мають право вважатися лише багатонасінні плоди з тонким шкірястим екзокарпієм (зовнішнім покривом) та соковитим мезокарпієм (м'якоттю).

Самозванці ягідного клубу

— Ви хто така? Полуниця? Покажіть, будь ласка, свій паспорт! Ого! З такими горішками й ходите в ягідний клуб? Горішок — це ж навіть не соковитий тип плоду! Та бачу я вашу соковиту масу поблизу горішків, але ж це розросле квітколоже, і жодного стосунку до плоду воно не має. Ось вам запрошення до готелю багатогорішків, обирайте там кімнату на поверсі фраг або ж, як їх ще називають, суничин.

Навіть стосовно терміна **«полуниця»** можна втрапити в запеклу суперечку. Справа в тому, що під цим поняттям у багатьох регіонах розуміють дикі види суниць, у яких складно від'єднати поживну частину від зелених листочків чашечки. Це щонайменше два види — суниці мускусні (*Fragaria moschata*) та суниці зелені (*Fragaria viridis*). Я ж усіма кінцівками верхнього пояса підтримую інше рішення — величати полуницями культивовані види й лишити назву «суниці» для диких і дуже запашних видів.

Садова полуниця (*Fragaria × ananassa*) — це аллоплоїд, що означає страшний факт запозичення не окремих генів, а цілих наборів хромосом в інших видів. Справді, це ГМО у квадраті чи навіть у кубі.

Шукаєш змістовне дозвілля?
У нас є одна ідея!

Звісно, нічого моторошного в гібридизації немає — для деяких груп рослин це звичне явище. Полуниця в тому вигляді, в якому ми її знаємо зараз, — продукт схрещування між дикими видами, яке відбулося приблизно 300 років тому.

До цієї події причетні два види — суниці віргінські (*Fragaria virginiana*) й суниці чилійські (*Fragaria chiloensis*), які самі по собі є октоплоїдами, тобто їхній геном має 8 альтернативних копій самого себе ($2n = 8x = 56$).

Причому ці дикі предки збільшили кількість генетичного матеріалу завдяки змішуванню геномів аж чотирьох різних видів у сиву давнину — мільйон років тому в найближчій до вашого дому галактиці.

Кожен із цієї фантастичної четвірки предкових суниць був диплоїдом, тобто мав дві альтернативні версії геному, як і ми з вами. І якщо два учасники цих схрещувань були давно відомі, то решта зберегли режим інкогніто аж до 25 лютого 2019 року, коли світ побачила стаття колективу науковців під керівництвом Патріка Еджера (Edger et al., 2019).

Рід **Суниця** (*Fragaria*) отримав ім'я з легкої руки Карла Ліннея, який надихнувся словом fragrans, що буквально означає «запашний». У цьому роді близько 22 диких видів, серед яких є і диплоїди, і декаплоїди, що накопичили аж 10 версій геному ($2n = 10x = 70$). Рід не має потужних перепон перед схрещуванням, саме тому міжвидові, а іноді й міжродові гібридизації трапляються направо й переважно наліво за його участі.

Але, звісно, на геномному рівні не все так просто. Це як змішати учасників матчу «Динамо» і «Шахтар» в одну команду й без жодних пояснень і попередніх тренувань. Навряд чи вони легко домовляться, хто вийде на поле, а хто буде запасним, яку стратегію обрати на гру тощо. Щось подібне коїться й у геномі гібрида після злиття — цю річ яскраво називають «генним шоком».

Існує гіпотеза субгеномного домінування, відповідно до якої один підгеном бере владу у свої руки й визначає основні властивості гібрида, супутньо вирішуючи купу генетичних та епігенетичних конфліктів у аллоплоїда. Якщо повернутися до нашого футбольного прикладу, це наче Андрій Шевченко як тренер збірної України бере ініціативу на себе і формує єдиний основний склад із наборів різних команд.

Як це достеменно відбувається — складно сказати, адже розбиратися в хащах змішаних геномів — ще те захопливе заняття. Для цього як мінімум треба повністю розшифрувати ДНК. А от із цим у полуниці була проблемка. Її геном оцінювали у 813,4 Mb (мільйон пар нуклетидних основ), з яких розшифровано було лише 660 Mb.

Тому команда науковців зайнялася *Fragaria × ananassa*, а саме її культиваром Camarosa, який історично є одним з найбільш важливих і вирощуваних різновидів полуниці. Й ось настав час усім учасникам давніх схрещувань зняти маски.

Історія сучасної полуниці почалася в Японії, де мешкали два предкові диплоїдні види *Fragaria nipponica* та *F. iinumae*, які трапляються лише в цій острівній країні. Саме вони розпочали цикл схрещувань і створили п'ять близьких тетраплоїдних видів, які зараз трапляються в Китаї та є щасливими володарями чотирьох альтернативних копій геному.

Третій вид, роль якого з'ясували в усьому цьому гібридологічному неподобстві, — суниці зелені

(*Fragaria viridis*). Їх можна побачити й у наших світлих дібровах, сосново-дубових лісах та на узліссях. Ареал зелених суниць перетинається з ареалом суниць мускусних (*Fragaria moschata*), які є гексаплоїдами (із шістьма копіями геномів) та що ще важливіше — неймовірно ароматними та дуже смачними (перевірено на власному досвіді).

Учені вважають, що китайські тетраплоїди й суниці мускусні — це проміжні ланки до створення сучасної октоплоїдної полуниці.

Хто ж був четвертим у цій компанії батьків полуниці? Суниці лісові (*F. vesca*). Так, це найпоширеніший вид суниць із найближчого до нас лісу чи ринку в літню пору. Але у створенні полуниць відзначився його окремий підвид *F. vesca* subsp. *bracheata*, який трапляється лише на заході Північної Америки. Причому аналіз геному в хлоропластах указує, що цей підвид був материнською особиною, яка схрестилася з гексаплоїдом азійського походження 1,1 мільйона років тому. Так було створено першу суницю з 8 копіями геному (октоплоїд).

Пізніше з них і виникнуть садові полуниці. З двох октоплоїдних видів, які з'явилися в Північній Америці від предків, що існували в Азії, у європейських Нідерландах створять гібрид, який пошириться по всьому світу. Ось такий успадкований космополітизм!

Але після цих періодів схрещувань і стану «генного шоку» ініціативу в гібриді захопили частини ДНК суниць лісових, які мали більше генів та ще й активніше їх використовували. Дослідники дізналися це, проаналізувавши активність генів у різних органах рослини.

Саме *F. vesca* на 88,8 % відповідальна за синтез антоціанів, які зумовлюють червоний колір полуни-

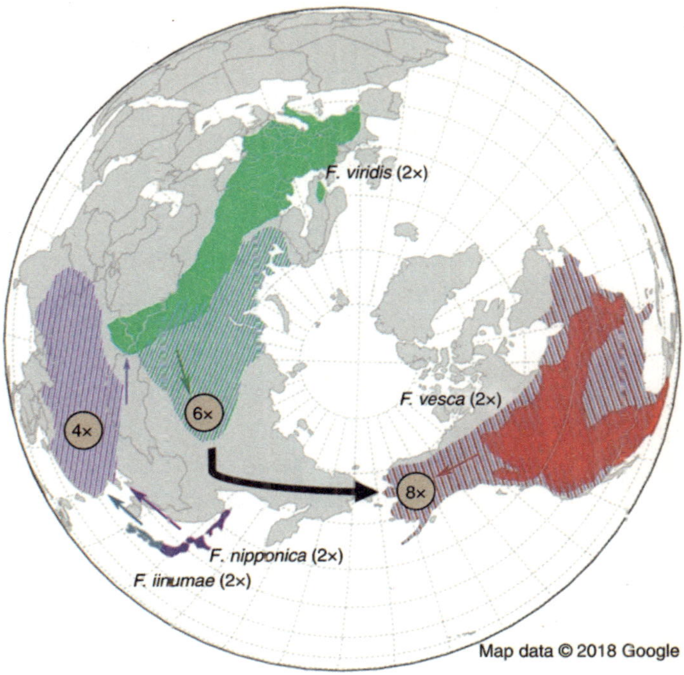

Довколосвітня подорож полуниці

чок. І так, саме лісові суниці на 89,2 % контролюють синтез геранілацетату, який визначає цей неймовірний запах. Ба більше, *F. vesca* на 95,3 % відповідальна за концентрацію фруктози, саме тієї речовини, яка зумовлює солодкий смак полуниці.

До 1750-х добре знаних полуниць не існувало й на плантаціях рясно зростали суниці лісові, монополісти у своїй ніші фруктів. Ними дуже любив ласувати відомий знавець рослин і татко сучасної біологічної номенклатури видів — Карл Лінней. Він чи то жартома, чи то серйозно вважав, що суниця — це найкращі ліки від усіх хвороб. Приймав їх, суворо дотримуючись дозування — одна тарілка в день, а оскільки шведський науковець отримав ще й науковий ступінь з медицини, то він навіть робив це за призначенням лікаря.

У суницях справді можна розшукати безліч усього корисного — вітамінів, флавоноїдів і мікроелементів. Навряд чи про такий набір речовин знали люди кам'яної доби, але перші свідчення вирощування суниць припадають саме на цей час.

Популярними суниці були ще в давній Персії, рештки їхніх плодів знаходять уздовж Великого шовкового шляху.

Тепер полуниці із суницями захопили весь світ. І хоча складно знайти ці плоди на вагах самообслуговування в розділі «Горіхи» найближчого маркету, але дуже легко виконати завдання насолодитися всіма трьома десятками речовин, що відповідальні за смак розрослого квітколожа. А оскільки я відповідальний за перепустки до ягідного клубу — то пропоную перевірити нашу наступну гостю.

— Пані малино, можна вашу перепустку? Так, тоненька шкірка в наявності є, соковитої м'якоті вдосталь… Стоп, а чому весь плід у маленьких кульках, а в кожній по одній насінині? Це ж кістянки! Ніби купу вишень зліпили в одну грудку й назвали малиною! Так не годиться! Абонемент у ягідний клуб скасовано! Але отримайте доступ в атмосферну компанію багатокістянок!

Під назвою **«малина»** в магазинах можуть продавати плоди багатьох видів роду *Rubus*, особливо з підроду *Idaeobatus*. В Україні найчастіше культивується й навіть росте в дикій природі малина звичайна

А вас теж бісить, коли зриваєш з куща стиглого, соковитого клопа, а плід малини псує його смак?

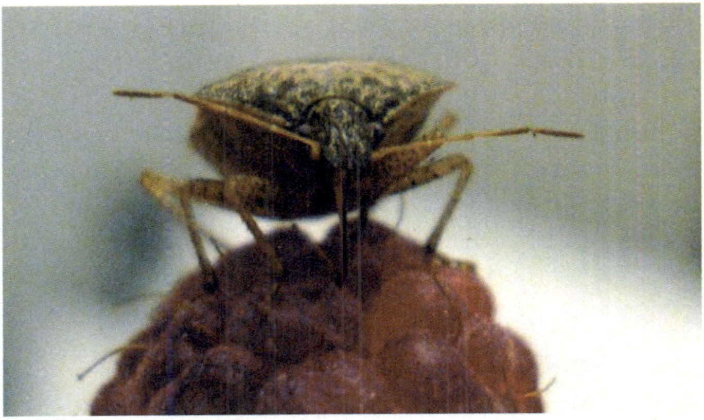

(*Rubus idaeus*). Але сучасні комерційні сорти найчастіше є гібридами двох видів — *R. idaeus* та *R. strigosus*.

За вмістом води малина наздоганяє огірок — у ній її до 86 %. Концентрація крохмалю тут як температура взимку — стрімко прямує до нуля. Лише 12 % вуглеводів, з яких половина припадає на харчові волокна, перетворюють малину на дієтичний та малокалорійний продукт. Але ніяк не на ягоду!

Але це не найдивніший гість, який намагався продертися до ягідного клубу.

— Горобино, серйозно? Ви точно нічого не переплутали? Ви не відповідаєте вимогам до посади ягоди, але хоч з нинішнього дня можете приходити в офіс яблук! Це майже так само круто, як працювати на Apple!

Горобина звичайна (*Sorbus aucuparia*) через терпкість усе ще не знайшла широкого застосування в кулінарії. Нею намагаються лікуватись, з неї виготовляють алкогольні напої, але з неї цілком можна зробити й желе, мармелад і варення — особливо з таким вмістом пектинів, які є природними згущувачами.

Горобина домашня (*Sorbus domestica*), яка в дикому стані зростає в Криму, але частіше все ж поводиться як домашня рослина, уже формує величенькі яблука, на які мало в кого повернеться язик сказати

А вам теж з гаджетів Apple найбільше подобається горобина?

«ягода». Але язик цілком повернеться скуштувати ці плоди.

Щойно зірвані з дерева, вони можуть гірчити та в'язати в роті светр терпкості, але в повністю дозрілому стані стають приємними й солодкими. У багатьох регіонах Європи з домашньої горобини роблять сидр, а в Античній Греції такі фрукти маринували розрізаними навпіл, певно, щоб під час вживання їх можна було ще використовувати як конструктор.

Горобина чорноплідна є чорною вороною серед горобин, а точніше навіть не горобиною, бо належить ця рослина до окремого роду й величається *Aronia melanocarpa*. Ця рослина походить з Північної Америки, а її плоди солодкі не лише через глюкозу і фруктозу, а і спирт сорбіт, який використовується як замінник цукру. Але ягід у вашому ягідному смузі її яблука не замінять.

А хто тут напнув на себе футболку із самовпевненою назвою «Найбільша ягода у світі»? **Кавун?** Усі замріть! Його величність — Головний Фрукт Серпня крокує нашою країною. Не те що крокує, а їздить і навіть сплавляється на баржах, за якими стежать у режимі реального часу. Кавун (*Citrullus lanatus*) — скільки солодкого та освіжального в цьому слові!

Батьківщиною цієї рослини є спекотний південь, але не чарівна Херсонщина, а Південна Африка, де кавун зростає в дикому стані. Тут він досягає максимальної генетичної різноманітності і представлений солодкими, м'якими й гіркими формами. Кавуни культивували ще в стародавньому Єгипті, як мінімум за дві тисячі років до нашої ери. Насіння цих рослин знайдено поміж археологічних решток часів Дванадцятої династії та навіть у гробниці фараона Тутанхамона (Zohary, Hopf, 2000).

У VII столітті кавуни почали вирощувати в Індії, а до X століття вони досягли Китаю, який сьогодні є найбільшим у світі виробником кавунів та всього іншого на нашій планеті. У Європу рослина потрапила завдяки маврам, які почали її саджати поблизу завойованих міст сучасної Іспанії.

Європейські колоністи доставили кавун до Нового світу. Іспанські поселенці вирощували його у Флориді в 1576 році. На Гаваї ж кавуни завіз сам капітан Джеймс Кук.

Часто кавуну приписують незаслужену славу найбільшої у світі ягоди. Але це не так. Справа в тому, що плід кавуна — це гарбузина, яка, на відміну від ягоди, має тверду зовнішню стінку. І хоч сім'я з Арканзасу (США) влітку 2005 року виростила екземпляр вагою 122 кг — цьому фрукту далеко до рекордів гарбузів. Ботанічні помилки чіпляються за кавуна, наче реп'яхи.

У 2007 році сенат Оклахоми визнав кавун офіційним овочем штату (чуєш, Карле, овочем!). Звісно, якщо ви їстимете листя чи стебла кавуна — він буде овочем, але зазвичай ми ласуємо соковитою м'якоттю гарбузини, яку науковці цинічно називають мезокарпом. Однак насіння, що має ніжний горіховий аромат, також можна висушувати, смажити й навіть робити з нього борошно.

У Китаї та В'єтнамі насіння споживають під час новорічних свят. Також подекуди смакують шкіркою кавуна, яку смажать, тушкують або маринують разом з огірками. До речі, якраз у шкірці міститься амінокислота цитрулін, яка відіграє вагому роль у функціонуванні молекулярно-біохімічних машин

Усі довкола: вторгнення кавунів з третьої штурмової баржі відбито. Загроза минула.

Тим часом елітний 119-кілограмовий херсонець у центрі вербування гомо сапієнсів

нашого організму, а окрім того, входить до складу нашого волосся й голок дикобраза.

Немає нічого природнішого у світі за жовтий кавун. Дикі кавуни з таким кольором м'якоті до цього часу зростають на теренах Африки. Вони, очевидно, виникли внаслідок мутації, яка майже повністю позбавила їх лікопену — пігменту з групи каротиноїдів, який і фарбує кавун у звичні нам відтінки червоного (Paris, 2015). Не сприймайте відсутність лікопену за недолік, його брак цілком компенсується надлишком бета-каротину, іншого природ-

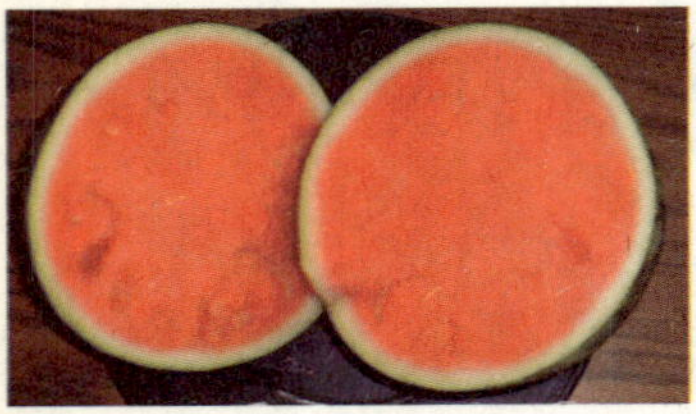

ного антиоксиданта. Дикі жовті кавуни не мають солодкого смаку, сучасні сорти з'явилися завдяки схрещуванню із солодкими формами червоного кольору.

А що може бути ліпшим за безнасінний кавун? Невже це ГМО чи продукт модної технології CRISPR-Cas9? Чи, можливо, їх створили завдяки поступовому відбору особин з невеликою кількістю насіння? Насправді кавуни без насіння — це продукт схрещування диплоїдних і тетраплоїдних особин цього чудового виду. В одної особини всі хромосоми були дубльовані (разом їх 22), тоді ж як в іншої було аж 4 копії кожної хромосоми (44). А після створення гібрида, який мав уже 3 копії кожної хромосоми (33) виникли певні проблеми. Під час поділу статевих клітин одна копія хромосоми не має пари, вони випадково розподіляються між двома дочірніми клітинами. Такі клітини з однією зайвою хромосомою не виживають.

Як же розмножуються безнасіннєві кавуни? На відміну від безнасіннєвих бананів, які розмножують вегетативно, для кавунів щоразу проводять процедуру схрещування. Але пам'ятайте, що з такими кавунами вам не вдасться підтримати китайсько-в'єтнамську новорічну традицію — споживати висушені насінини за святковим столом.

Кубічні кавуни — забаганка людини, яка спала на думку японцям у регіоні Зенцудзі. Вони поміща-

ли молоденькі фрукти у скляні коробки й не давали їм іншого вибору, окрім заповнити доступний простір. Такі кавуни призначалися для зручного складання і зберігання, але дивакувата форма та надлишкові витрати на працю й матеріали, навпаки, щонайменше вдвічі їх здорожчують. Використовуючи подібні методи, виробники також створили складніші форми кавуна, у тому числі у вигляді кісток, пірамід та обличчя.

А ви чули про лакшері-кавун сорту «Денсуке»? Він має круглі гарбузини розміром до 11 кг. Але його основна особливість — шкірка не містить жодних смуг чи плям: вона ідеально чорна. Хоча насправді там смужки все ж є — вони просто дуже-дуже темно-темно-зелені. Вирощується сорт лише на острові Хоккайдо в Японії, де щорічно виробляється до 10 000 кавунів. У червні 2008 року перший кавун нового врожаю продали на аукціоні за 6300 доларів, що робить його найдорожчим кавуном в історії. Середня ціна значно нижча, але все одно непристойно висока — 250 доларів за штуку. На додачу ви можете отримати фірмову чорну коробку й радість від закупів в елітному магазині. Головне із сортом «Вогник» не сплутайте! Та й із ягодою, звісно!

Справжні ягоди

То ягоди хоч існують? Хто взагалі ягода?

Ну, по-перше, це **помідор** (*Solanum lycopersicum*). Його часто віроломно йменують овочем, але це так само, як назвати маршрутку гарним громадським транспортом.

Помідор — це плід, тому він той ще фрукт! Він виконав увесь мінімум роботи, щоб називатись ягодою — тоненька шкірка, соковита м'якоть та купа насінин. Тому хоч смузі з помідора кличуть пасатою чи томатним соком, а варення кетчупом — це ніяк не переводить його в команду овочів. Хоча сліпа Феміда США одного разу вирішила інакше.

Коли дізнався, що ти фрукт,
і звалюєш з борщового набору
заради вакансії у фруктовому салаті

Складайте в наплічник запас гнилих помідорів: ми прямуємо на найвідоміший антиботанічний суд в історії. Ця справа відома як «Нікс проти Геддена», а сталася вона в 1883 році.

Джон Нікс створив компанію John Nix & Co, яка стала потужним продавцем фруктів та овочів у Нью-Йорку. Він постачав товари з Флориди, Вірджинії та Бермудів, потрішки багатіючи, аж доки президент США Честер Алан Артур у 1883 році не видав указ про додатковий податок на продаж овочів. Фрукти від такого мита звільнялися, і Джон Нікс раптом згадав, що з ботанічного погляду помідор — це фрукт. Чоловік заявив, що відмовляється порушувати закони науки й не сплачуватиме додаткові томатні податки. Було подано позов проти збирача мита Едварда Геддена — і почалися помідорні танці.

Нікс апелював до визначення терміна «фрукт» у «Словнику Вебстера», «Словнику Ворчестера». Та що там — навіть такого важковаговика, як «Імперський словник», притягли до суду. Але рішення судді було невблаганним. «Хоча помідор і є фруктом, але споживається він як овоч. Його ж не додають до десертів...» — от на цьому місці я подавився своїм помідорним морозивом.

Апелюючи до цього нелогічного рішення, Нью-Джерсі обрав помідор офіційним овочем штату! Ще можна було обрати офіційним квадратом штату трикутник: чого там соромитися!

Походить помідор із Центральної та Південної Америк. Точна дата його одомашнення невідома, але на території сучасної Мексики він уже царював на грядках за 500 років до н. е. Не зрозуміло, чи привіз Христофор Колумб зі свого плавання помідори, але от Ернан Кортес точно вдався до такого трюку. І якщо він справді був томатним піонером, то європейці вперше познайомилися саме із жовтим дрібноплодим помідором, який вирощували в місті Теночтітлан (Smith, 1994).

Нова рослина одразу породила безліч дискусій. Наприклад, у 1544 році італійський лікар і ботанік П'єтро Андреа Маттіолі писав про помідор як про новий вид баклажана. У Британії цю рослину взагалі вважали отруйною. Джон Джерард вирощував помідор як декоративну квітку і з подивом зауважував, що в Італії та Іспанії цю токсичну штуку їдять. Джерард наполовину мав рацію, адже рослина містить отруйний алкалоїд томатин, але в стиглому плоді його концентрація є надзвичайно низькою, що робить ягоду безпечною.

Коли в цьому факті впевнилися споживачі, популярність помідора вже було не спинити. Щороку у світі продається більш ніж 800 мільярдів цих ягід. Але скільки з них є справді смачними? Тисячі років селекції дали фрукт, який більше задовольняє фермерів і продавців, ніж споживачів. Можливо, ви думали саме про це, коли нарізали твердий незапашний помідор у ранковий салат.

Пагони томатів тепер не розростаються невпорядкованим чином. На них формується багато плодів, які довго тримаються на рослині, а самі помідори є достатньо міцними для транспортування на далекі відстані.

Нещодавно в трьох статтях різних дослідницьких груп по всьому світу було опубліковано результати спроб створити новий супертомат. Його надздібності полягають у тому, що він дуже ароматний та смачний. Для цього дослідники використали технологію редагування генів CRISPR-Cas9 (вони колись це припинять?). За допомогою такого потужного механізму вони змінили деякі гени в диких родичів культурних помідорів. Результат — за словами вченого, який скуштував один із плодів, — це найароматніший помідор з наявних. Суб'єктивно, але вселяє надію.

Такі дослідження стали можливими після десятків років ретельних генетичних експериментів. Саме вони дозволили встановити роль того чи іншого гена в геномі помідорів, щоб потім можна було завдяки редагуванню перетворити дику рослину на цінне надбання сільського господарства.

Ця робота нагадує про цінність фундаментальних досліджень росту й розвитку рослин. Вона вказує шлях для створення нових сортів інших рослин — улюбленців наших щоденних страв.

Одна група вчених редагувала геном дикого родича помідорів — фізаліса (*Physalis pruinosa*), який часто вирощується в Центральній та Південній Америках (Z. H. Lemmon et al., 2018).

Його плоди смачні та трохи солодкі. Певним агрономічним недоліком рослини є невпорядкований ріст пагонів та опадання плодів на землю. Саме тому культивування цього фізалісу не є масштабним явищем (ваша клумба не рахується). Але вчені змогли створити рослини з компактнішими кущиками й більшими плодами.

Дві інші групи науковців працювали з іншим родичем томатів — диким помідором (*Solanum pimpinellifolium*). Цей вид є стійким до багатьох захворювань, але дослідники прагнули збільшити розмір і привабливість його плодів (A. Zsögönet et al., 2018; Li et al., 2018). Учені мали на меті поєднати переваги *S. pimpinellifolium* з тими рисами сучасних помідорів, які корисні як фермерам, так і споживачам.

Дослідники також хотіли підвищити поживну цінність нових помідорів: по-перше, піднявши рівень лікопену — каротиноїду, який корисний для нашого організму; по-друге, зосередивши увагу на великому вмісті вітаміну С. І судячи з усього, їхній план вдався.

Щоб створити такий продукт за допомогою традиційної селекції довелося б витратити не одне десятиліття. Натомість команда дослідників впоралася лише за три роки.

А за скільки ми впораємося з тим, щоб визнавати помідор фруктом?

От ще одна ягода, значно звичніша та ще й яка п'янка. **Виноград** — одна з наймасовіших фруктових рослин: її плоди їдять самі по собі, їх сушать, чавлять з них сік та зброджують його у вино. Навіть з насіння виготовляють олію.

Виноград (*Vitis vinifera*) було одомашнено 6000–8000 років тому. Ба більше, разом з ним одомашнили й мікроскопічні дріжджі, які мирно сиділи на шкірці ягідок, а в спеціальній тарі творили вино із соку. Магія бродіння!

Грузія та Вірменія відчайдушно змагаються стосовно того, на чиїй території виникло виноробство.

Зараз людство знає тисячі сортів — що зниклих, що сучасних. Через історичні відомості деякі різновиди можна простежити до Середньовіччя, але генетичні зв'язки між давніми й сучасними виноградами залишаються невідомими.

Минулого року Томас Гілберт і його колеги (Gilbert et al., 2019) представили дані про геноми з 28 археологічних стоянок. З насінинок винограду часів залізного віку, Римської імперії та середньовічної епохи вдалося виділити ДНК й порівняти між собою.

Як виявилось, давні сорти тісно споріднені із сучасними західноєвропейськими. Крім того, науковці виявили, що один зразок насіння, який датується 1100 роком, генетично повністю відповідає сорту Savagnin Blanc. Це свідчить про 900 років безперебійного вегетативного розмноження.

Виногради часто грубо ділять на червоноплоді й білоплоді сорти. В останніх зламалося два регуляторних гени, причетні до синтезу антоціанів, що фарбують фрукти й овочі в червоний колір.

Переважно на нашому столі з'являються плоди виду виноград винний *Vitis vinifera*, хоча в Азії частіше можна знайти виноград амурський *Vitis amurensis*, а в Північній Америці — популярний виноград лабруска *Vitis labrusca*.

Люди плювати хотіли на смакові якості й корисність виноградів — головне, щоб насінням не плюватися, — і почали вкладати значні зусилля у виведення безнасінних сортів. Оскільки виноград розмножують вегетативно, вирощування таких мутантів не становить проблеми.

Виноград причетний до появи терміна «французький парадокс»: французи рідше мають проблеми із серцево-судинною системою, хоч тваринних жирів у їхньому раціоні вистачає. Типове пояснення цього — вони в помірній кількості вживають насичене антоціанами червоне вино.

А от для кого виноград є небезпечною їжею, то це для собак. Вживання що сирих плодів, що родзинок може викликати гостру ниркову недостатність та навіть призвести до летального кінця. Тому беріть весь виноградний удар на себе, утилізуйте ягоди так, щоб жодному Бровкові чи Рексу не дісталося.

Розділ 12

Гарбузини, яблука, гесперидії та гранатини — ще ті фрукти!

Поміж фруктів є чимало різновидів. І для дослідження одного з них нам знадобиться допомога відомого вірша.

Ходить гарбуз по городу та питається в родини:
«Ой, чи живі, чи здорові всі власники гарбузини?».

Справді, перепис гарбузячого населення робити складно, адже сам лише рід **Гарбуз** (*Cucurbita*) охоплює багато різноманітних форм, які здаються нам у побуті різними видами. Плід представників цієї родини від ягоди відрізняється дерев'янистою зовнішньою оболонкою (екзокарпієм). Така собі ягода в екзоскелеті.

І якщо про поїдання квіток гарбузів ми вже писали в розділі про овочі, то тепер настав час сповна насолодитися смачним фруктом гарбуза.

Але на території України цю смакоту тривалий час було не скуштувати. Хоч гарбуз звичайний (*Cucurbita pepo*) походить з Північної Америки, де вирощується із VIII–VII тисячоліття до н. е. (Kew Science, 2018), та на міжконтинентальну маршрутку йому довелося чекати досить довго — ніякої тобі гарбузової каші до 1492 року! Цікаво, що саме цей вид гарбуза спочатку дістався Євразії, а вже потім сусідньої Південної Америки. Як кажуть мандалорці, «такий шлях».

Дебати про походження *C. pepo* гарячі, як гарбузовий пиріг. Існує кілька теорій:

1. *C. pepo* — прямий нащадок дикого виду *C. texana;*
2. *C. texana* є, навпаки, здичавілою формою *C. pepo;*
3. *C. pepo* — гібрид двох диких видів *C. fraterna* й *C. texana*.

Гарбузи — це багатоликі боги нашого столу. Які з них можна знайти на найближчому ринку?

Акорни (*C. pepo* var. *turbinata*) — дуже популярні зараз зимові гарбузи з ребристими плодами. Цей різновид виник ще в Північній і Центральній Америках. Тушкується, трансформується в кашу й пиріг, але із цим треба поспішити: акорн дуже погано зберігається та воліє перетворитися на гнилу органіку.

Гарбуз (*C. pepo* var. *pepo*) — типова форма цього фрукта. На відміну від акорнів, плоди значно краще лежать узимку, жовтіші, а отже, і багатші на каротиноїди. На ліхтарі Джека також найчастіше беруть саме цей різновид.

Патісон (*C. pepo var. clypeata*) — дивна форма цього виду, яка нагадує радше літальну тарілку, ніж гарбуз. Найчастіше таким плодам не дають дозрівати й поїдають їх, коли вони ще молоді та не зашкарублі від тяжкого життя на плантації. Патісони — це давні різновиди гарбузів, які набули космічного вигляду ще на своїй американській батьківщині.

Гарбуз-спагеті (*C. pepo var. fastigata*) під час приготування розпадається на волокна, за що й отримав макаронну назву. Його часто спеціально натирають так, щоб надати форми довгої локшини, а потім вішати її на вуха членам родини за обіднім столом, стверджуючи, що це вироби з борошна, а не корисна й малокалорійна їжа.

Кабачок (*Cucurbita pepo var. giraumontia*) — літній гарбуз, який найчастіше їдять недозрілим, коли механічні тканини й розрослі насінини ще не перетворили фрукт на зашкарублий бронетанк, малопридатний до вживання.

Цукіні (*C. pepo var. cylindrica*) — майже кабачок, але переважно стрункіший і довший. Вважається, що цей тип гарбуза виник на півночі Італії в першій половині XIX століття.

Декоративний гарбуз (*C. pepo var. ovifera*) — неїстівний монстр, який вирощується не для споживання, а щоб потішити око. Це якщо ви фанат жахів, звісно.

Варто згадати про ще два види гарбузів, які є популярними в Україні. Насамперед це **гарбуз мускатний** (*Cucurbita moschata*). Виник він чи то в Центральній Америці, чи то на півночі Південної Америки ще до приходу туди європейців. Але сам вид є генетичною лінією, яка відокремилася від родинного дерева гарбузів найпізніше. Така собі еволюційна модель останнього покоління, яка справді має безліч переваг для користувача — що в смаку, що в легкості підготовки до вживання.

Ну, і куди ж без **гарбуза найбільшого**? *Cucurbita maxima* виправдовує свою назву й може дорости до розмірів невеликого автомобіля. Він не огрядний, у нього просто мезокарп широкий. На момент написання цього тексту рекорд належав бельгійцеві Матіасу Віллемійнсу, який у 2016 році виколхав на своєму городі монстра вагою 1190,498 кг. Терміново садіть цього опецька на сувору дієту з гарбузової каші!

Родичі гарбузові (*Cucurbitaceae*) приховують від нас безліч сюрпризів. Наприклад, коли хтось українською мовою скаже вам слово «тиква» — не поспішайте вправлятися в лінгвістичних повчаннях. Цілком можливо, що співрозмовник мав на увазі представника роду *Lagenaria*. Ці рослини відомі під різними назвами — індійський кабачок, китайський огірок, пляшковий гарбуз, тасманійський біб і ще кілька десятків оригінальних назв.

Люди так давно вирощують тикву, що не зовсім певні, де цю рослину знайшли вперше. Більшість дослідників вважають, що походить вона з півдня Африки.

У 2004 році було знайдено дикі популяції пляшкового гарбуза в Зімбабве (Decker-Walters et al., 2004). Але в доколумбову епоху цю рослину вирощували в Новому світі, тому перед нами ще один кандидат на відкриття Америки.

Спочатку вчені підозрювали, що цей мандрівник подорожував морем з Африки. Цей варіант розкритикували у 2005 році, оскільки археоботанічна розвідка вказувала на те, що американські тикви більше споріднені з азійськими зразками, ніж з африканськими (Erickson et al., 2005). Усі підозри на поши-

НЕ СПЛУТАЙ:

Це тиква!

А це гарбуз!

рення рослини впали на палеоіндіанців та їхні емігрантські настрої в кінці льодовикового періоду.

«Якби ж то!» — сказали генетики, які 2014 року опублікували дані з дослідження всього геному. Вони дійшли висновку, що американські зразки тісніше пов'язані з дикими африканськими варіантами й могли проникати океаном багато разів (Kistler et al., 2014).

Молоді плоди рослини, що мають чудовий смак і дуже високі дієтичні якості, вживають у їжу. Зі зрілих плодів виготовляють посуд і сувеніри.

Як усі представники *Cucurbitaceae*, гарбуз містить кукурбітацини, які є досить токсичними сполуками й можуть викликати виразку шлунку.

Пам'ятайте: якщо певні соки корисні — це не означає, що варто чавити й безконтрольно пити сік з усього підряд. Відомо кілька смертельних випадків від такого дієтичного харчування. Особливо небезпечно маскувати смак пляшкового гарбуза іншими соками, адже тоді неможливо розпізнати надмірну гіркоту сировини.

А от наступний наш гарбузовий гість довгий час вважався вбивцею людей. І цілком можливо, що саме він був у вашому нинішньому бутерброді.

Обізвались **огірочки** (*Cucumis sativus*)... Власне вони справді живіші від усіх живих рослин на цій планеті, адже щорічно їх культивують понад 80 мільйонів тонн. І ми маємо невеликий привід для гордості, адже Україна утримує п'яте місце у світі за кількістю вирощених «гарбузових синів і дочок». Звісно, тягатися з таким важковаговиком, як Китай, нереально, адже на частку цієї країни припадає 77 % огіркових багатств світу.

Цікаво, що батьківщина огірка — Індія — не входить до чільної п'ятірки. Саме на її території вид

Cucumis sativus відокремився від дикого предка *Cucumis hystrix*.

Є свідчення, що в шумерському місті Ур вирощували огірки, зокрема сцени поїдання цих рослин відомі з героїчного епосу про Гільгамеша. У Біблії огірки згадуються серед продуктів з меню ізраїльтян у Єгипті.

Любов'ю до хрумких плодів огірків славився римський імператор Тіберій, зі столу якого вони не зникали не лише влітку, а й узимку. Для цього римляни користувалися тепличками, де замість скла використовували пластини слюди. До речі, огірки не лише додавали в їжу. Ними намагалися лікувати наслідки від укусів скорпіона, проблеми із зором та жіноче безпліддя. Щоб збільшити шанси завагітніти, їх носили на талії.

У VIII–IX століттях Карл I Великий вирощував огірки у своєму саду. В Англію вони вперше потрапили в XIV столітті, але їхня культура була втрачена, тож повернути ці рослини на стіл британці змогли лише 250 років по тому.

А от у XVII столітті репутацію огірків підмочили упередження щодо корисності споживання сирих фруктів та овочів. Спочатку їх не рекомендували дітям, а потім узагалі почали називати їжею для корів. Англійський чиновник Семюел Піпс написав у своєму славетному щоденнику 22 серпня 1663 року: «Цього дня В. Баттен розповів мені, що містер Ньюберн помер від їжі корів…» (Pepys' Diary, 1663). Письменник Вільям Сатчелл в одному творі описує смерть людини від поїдання чотирьох «колючих динь».

Огірки справді містять небезпечні речовини кукурбітацини, які й надають одній із частин плоду гіркого смаку.

Якщо шукаєте щось корисне в огірках — тут теж невеликі проблеми! Вони на 95 % складаються з води, 100 г містить аж цілих 16 ккал, тому ваш денний раціон заповнять 12–15 кг цього чудового продукту. Чого справді в огірках удосталь, то це вітаміну К. 600 г плодів — і ви забезпечите денну норму!

Але від гарбузин варто попрямувати до іншого типу плодів. Перед нами **яблуко** (*Malus domestica*)! У нього тоненька шкірка — екзокарп, соковита м'якоть — поки що за всіма ознаками це ягода. Тут навіть багато насіння, але заховане воно в особливих сховках, які для них утворює ендокарп. Назву типу плоду, до якого належить яблуко, дуже складно запам'ятати — це яблуко.

Ботаніки по-різному інтерпретують різні його частини. Це й не дивно, адже в його побудові вагому роль відіграють частини колишньої квітки. Наприклад, навпроти «хвостика» можна побачити рештки чашечки — листоподібних структур, які оточували пелюстки квітки.

У побудові м'якоті та шкірки брали участь і квітколоже, і пелюстки, і чашолистки, які зрослися в структуру, відому ще під назвою гіпантій. Дехто плодом вважає лише оті лакуни всередині яблука.

Такі млинці з насіннєвою начинкою відповідають визначенню окремого сухого типу плоду — листянки. Тоді яблуко стає багатолистянкою (бо цих лакун багато) із соковитими прибамбасами довкола. Усі ці ігри в морфологію не змінюють одного простого й надійного факту — яблуко дуже смачне.

Загалом найчастіше ми їмо плоди яблуні домашньої (*Malus domestica*). Часто представники старшого покоління, коли ви приносите їм скуштувати якусь абстрактну маракую, кривляться й говорять, що немає нічого смачнішого за наші яблука. І тут є лише один нюанс — по суті ті яблука, які ми їмо, є такою самою екзотикою, як і якась карамбола. Справа в тому, що дикий родич добре знаного нам дерева — це яблуня Сіверса (*Malus siversii*), яка родом із Центральної Азії (Christopher et al., 2009). Через одомашнен-

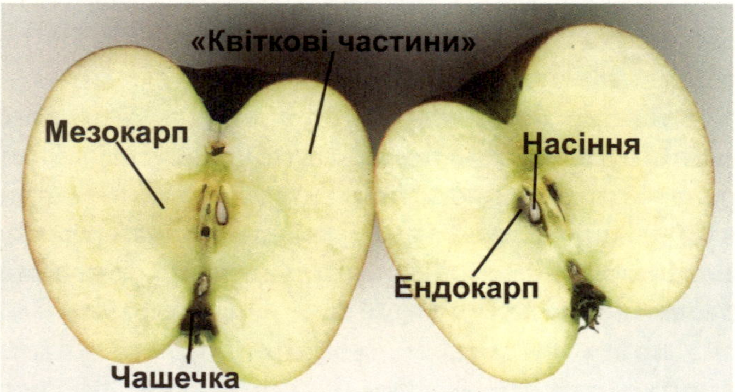

ня та схрещування з різними популяціями яблуні лісової й виникла «наша яблуня».

Вважають, що одомашнення дикого родича відбулося 4–10 тисяч років тому на теренах Тян-Шаньських гір. Дорогу в Європу цій деревній культурі відкрив Шовковий шлях. А от попутки до Нового світу довелося чекати значно довше! У XVI столітті іспанці завезли дерево на архіпелаг Чилое, а грін-карту на територію Північної Америки *Malus domestica* вдалося виграти лише в XVII столітті.

Як на мене, найгірше, що трапляється з яблуками — це покоричневіння. Смак яблука майже незмінний, але із часом ця розрізана муза будь-якого натюрмортиста перетворюється на липкі кавалки, які порадують лише любителя органічних добрив. На деяких форумах є навіть баталії, чи безпечно їсти такі яблука. Безпечно, якщо заплющити очі!

Ці капості витворяє фермент поліфенолоксидаза, що окисляє фенольні сполуки яблука до стану орто-бензохінонів, які псують запах, смак і вигляд яблука. Щоб боротися із цією коричневою чумою, було розроблено Арктичні Яблука — групу сортів, у яких генетичними методами заглушили гени, відповідальні за утворення поліфенолоксидази.

І звісно, коли говоримо про яблука, складно оминути тему їхнього вкриття воском. Адже для багатьох людей — це ознака, що то хімія, ГМО, провісник холери й кінця світу.

Традиція вкривати плоди рослин восками нараховує кілька десятків мільйонів років. Верхні клітини шкірок плодів (екзокарпу) часто виділяють рослинний віск, щоб зменшити випаровування вологи та захистити їх від бактерій, грибків і механічних пошкоджень. У більшості рослин воскові покриття дуже тонкі (0,001 мм), а от у коперникової пальми (*Copernicia prunifera*) товщина сягає півсантиметра.

Якщо виробник вирішив потурбуватися про те, щоб на ваш стіл потрапило менше пилу й небажаних хімічних речовин, він промиває вирощені плоди. Водночас змивається шар воску, який слід замінити. Шар воску слід додавати й тоді, коли ви не захотіли транспортувати зелені яблука й дочекалися їхньої стиглості на дереві. Перші спроби вкривати воском фрукти відомі з XII століття, а цитрусові — з 1920-х.

Для покриття можуть використовуватися природні воски цукрової тростини, воскових пальм, виділення самок жука *Kerria lacca* (відомі під назвою шелак) або ж воски, отримані штучно.

Управління якістю продовольства і медикаментів США десятки років досліджувало й моніторило це питання. Зрештою організація дозволила маркувати воски як безпечні для споживання речовини. Це й не дивно. Насправді людський організм не засвоює воски: вони в незмінному вигляді проходять через наш кишково-шлунковий тракт. Окрім того, для покриття яблук використовується надзвичайно мало воску, більшість якого легко змити.

В Україні до технології вкривання воском плодів ставляться з острахом. Саме тому кількість господарств, які турбуються, щоб доставити смачну, не вкриту грибними чи бактеріальними захворюваннями продукцію, не така велика. Але стереотип про несмачне, переповнене міцелієм та мікроорганізмами яблуко як корисний продукт варто змінювати.

Груша — теж яблуко. Звісно, лише за типом плоду. І це один з небагатьох видів фруктових рослин, які є природними для території України. Груша з нашого столу (*P. communis*) утворилася з диких видів груші лісної (*P. Pyraster*) та груші кавказької (*P. caucasica*), перший з яких має європейський ареал.

Звісно, мешканці Європи споживали фрукти диких дерев ще до одомашнення — у неоліт та бронзову добу. А от надійний факт їхнього спеціального вирощування можна встановити для античної Греції та Риму, про що не забули написати Теофраст і Пліній Старший.

Окрім поглинання плодів у свіжому вигляді, груші перетворюють на варення чи пастилу, роблять з них сидр і вино, а іноді й оцет. На Кавказі з підсмажених насінин навіть виготовляли сурогат ка-

ви, а самі плоди перетирали в борошно, щоб потім пекти із цієї маси млинці.

Груші, на відміну від яблук, мають зернисту структуру м'якоті. За це слід подякувати кам'янистим клітинам, або ж склереїдам. Це шматки мертвої тканини посеред плоду зі здерев'янілими клітинними стінками. Саме тому не всім людям до снаги безболісно перетравлювати груші. Якщо вам вдається — уже є що вказати в резюме.

Іншим славетним типом фруктів є **померанець, або гесперидій**. Він притаманний представникам цитрусових у складі родини Рутових (*Rutaceae*). Ці гарні рослини й подекуди смачнючі ласощі можна знайти на території від західного Пакистану до північно-центрального Китаю, їхній ареал охоплює Східно-Індійський архіпелаг, Нову Гвінею й архіпелаг Бісмарка, Північно-Східну Австралію, Нову Каледонію, Меланезію та західні Полінезійські острови.

Їхні плоди названі на честь золотистих плодів із садів гесперид. Тонкий прозорий шар називається екзокарпій. Зовнішня частина мезокарпія містить солідний запас каротиноїдів та ефірних олій. Її ще часто позначають як флаведо. Екзокарпій і ця зовнішня частина мезокарпія разом утворюють цінну приправу — цедру.

Внутрішня частина мезокарпія білого кольору — вона суха та волокниста й фігурує в кулінарії під прізвиськом альбедо. Ендокарпій утворює тоненьку плівочку, яка мовби розділяє сам плід на сектори. З ендокарпію виділяється слизиста маса, яка заповнює видозмінені волоски й перетворює їх на вмістилища соку.

Оселища, придатні для зростання цитрусів, трапляються по всій території їхнього ареалу, хоча гео-

графічне походження, час та особливості поширення цих видів у Південно-Східній Азії залишаються загадками. Основна перешкода для їх вирішення — ми погано розуміємо родовід цитрусових, особливо його гібридів, які широко представлені в культурі. Ідеться про апельсини, лайми, лимони, грейпфрути й інші види.

Тому не дивно, що нинішня хаотична класифікація цитрусових, яка ґрунтується на давніх, суперечливих даних, вимагає серйозної перевірки й переробки.

Щоб вивчити генетичне різноманіття й еволюційну історію цитрусових, міжнародна команда вчених на чолі з Альбертом Ву проаналізувала геноми з 58 цитрусових і 2 неспоріднених популяцій з родів Poncirus і Severinia — так звані аутгрупи (Wu et al., 2019). Дослідники використали всі попередні дані з розшифрування геномів, а також додали до них 30 власних розшифрувань. Їхня колекція може похвалитися даними про 8 раніше не досліджених видів, таких як негібридні мандарини (*Citrus reticulata*), цитрон, або рука Будди (*Citrus medica*), *Citrus micrantha* (дикий вид із підроду *Papeda*), кумкват (*Fortunella margarita*, також відомий як *Citrus japonica* var. *margarita*) і *Citrus ichangensis* (ще знаний як *Citrus cavaleriei*, цей вид також розглядається в підроді *Papeda*). Науковці не обійшли увагою і три види австралійських цитрусових.

Результати аналізу отриманих послідовностей показали міжвидовий гібридний характер рангпура (лимандарина) й червоного лимона (двох різних гібридів мандарин-цитрон), лайма (гібрид *Citrus micrantha* й цитрона) та каламондина (гібрид кумквата і мандарина).

Генетичні дані підтвердили походження грейпфрута (гібрид помело й апельсина), лимона (виник від змішування помаранча (бігардії) і цитрона) та ериморанжа (гібрид апельсина й виду *Eremocitrus glauca*).

Як і стверджувалося раніше, бігардія, або помаранч (*Citrus aurantium*),— це гібрид помело й мандарина. У геномі апельсина взагалі коїться казна-що! Учені проаналізували послідовності його 10 сортів і виявили, що всі вони походять від одного предкового геному, який утворився внаслідок низки мутацій.

Трьома цитрусовими видами-засновниками виявилися цитрони (*C.medica*), мандарини (*C. reticulata*) й помело (*Citrus maxima*). Аналіз підтвердив, що лимони, лайми, апельсини та грейпфрути — це гібриди, які утворилися із цих трьох видів.

Серед «чистих» видів домішок, цитрони демонструють нижчу внутрішньовидову мінливість (близько 0,1 %), ніж інші види (0,3–0,6 %). Усе пов'язано з тим, що рослини запилюються ще до відкриття квіток під час фази бутона.

Визначення набору чистих цитрусових видів дає нове розуміння походження, еволюції й розповсюдження цитрусових. Вони виникли в Південно-Східній Азії. На це прозоро натякають їхнє високе видове різноманіття в цьому регіоні та кліматичні умови, що існували тут. Ба більше, саме звідси походить відомий викопний вид цитрусів. Його рештки датуються пізньою міоценовою епохою. У провінції Китаю Юньнань було знайдено скам'янілість, що описано як вид *Citrus linczangensis*. Він має риси, характерні для нинішніх основних груп. Усе свідчить про те, що це спільний предок сучасних цитрусових, який існував уже 8 мільйонів років тому.

Швидке становлення азійських цитрусових відбулося 6–8 мільйонів років тому. Цей період збігся з послабленням кліматичного впливу мусонів у регіоні та вираженим кліматичним переходом від вологих до сухих умов. У Південно-Східній Азії ці помітні зсуви клімату спричинили значні зміни, що охоплюють міграцію ссавців і швидке видоутворення в низці родів рослин.

Австралійські цитрусові формують особливу гілку в родоводі. Дані молекулярних досліджень не підтримують варіант австралійського походження. Найімовірніше, рослини поширилися з Південно-Східної Азії в Австралію. Аналіз геному показує, що австралійські види формувалися в епоху раннього пліоцену, близько чотирьох мільйонів років тому.

Найближчим до австралійців є кумкват (*Fortunella*). Цитрусові предки, імовірно, мігрували через лінію

Воллеса — природний бар'єр для розповсюдження видів з Південно-Східної Азії до Австралійської Азії, а потім адаптувалися до цього різноманітного клімату.

Результати також показують, що мандарин тачибана (*Citrus tachibana*), який природно трапляється на Тайвані, архіпелазі Рюкю та в Японії, відколовся від материкових азійських мандаринів протягом раннього плейстоцену (близько 2 мільйонів років тому). Льодовикові максимуми цієї епохи сприяли формуванню мостів суші внаслідок падіння рівня води Південно-Китайського моря.

Хоча мандарин тачибана було описано як окремий вид (*Citrus tachibana*), аналіз послідовностей ДНК показує, що він дуже близький до звичайного мандарина *C. reticulata*. Імовірно, невдовзі статус мандарина тачибана понизять до підвидового.

На відміну від цього, дикий манганський мандарин (*Citrus mangshanensis*) — чітко відмежований окремий вид. Політипісти (любителі об'єднувати вузькі види) можуть іти геть, похнюпивши носа!

Використовуючи дані послідовностей геному цитрона, помело й мандарина, учені виявили гібридогенне утворення 46 ліній цитрусових. ДНК помело є в усіх цих групах, окрім п'яти з 28 досліджених зразків мандаринів. А відповідно до ролі помело в становленні мандаринів їх усіх можна розділити на три групи.

Мандарини типу 1 представляють чисті *C. reticulata* без доказів міжвидової гібридизації та охоплюють тачибану і три безіменні лінії китайських мандаринів (M01, M02, M04) і стародавній китайський сорт Сунь Чу Ша Кат, виведений ще в 1178 році. Шістнадцять із 28 мандаринів належать до типу 2, який має трохи домішок помело (1–10 % від усього геному). У решти семи ліній мандаринів (тип 3) міститься більше фрагментів геному помело (12–38 %).

Тому одомашнення цитрусів — це фруктова «Санта-Барбара», яка триває понад тисячу років. Усе почалося з відбору самозапильних гібридних особин. Далі схрещування з помело збільшувало розмір і рівень кислотності фруктів. Величина плодів мандаринів, апельсинів, грейпфрутів безпосередньо залежить від кількості геному помело в їхньому складі.

На додаток до розміру фруктів, основним чинником одомашнення плодів є їхній смак. Зокрема солодкість мандаринів пов'язана з проникненням геному помело в хромосому 8. Жоден з відомих кислих сортів мандаринів не має домішки помело в цій частині геному. Тому тепер селекціонери чітко знатимуть, куди варто запроторювати ДНК помело, щоб ви не сиділи під новорічним деревом з кислим від мандаринів обличчям. До речі, саме в цій ділянці

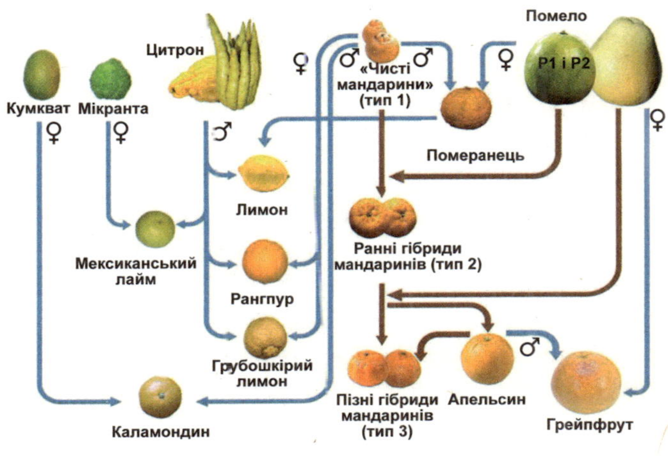

геному розташовується ген, який містить інструкції до створення мітохондріальної НАД$^+$ залежної ізоцитратдегідрогеназу (ІДГ), речовини, яка регулює синтез лимонної кислоти, а отже, і визначає кислотність фруктів.

Але цитрусові рослини самі не проти кого хочеш порегулювати. Схоже на те, що вони причетні до створення організованих злочинних угруповань! Учені виявили залежність між попитом на лимони й успішністю діяльності мафіозі.

Попри століття досліджень ролі і сфери впливу сицилійської мафії, умови, що призвели до її створення, залишалися незрозумілими. Економічний аналіз експорту лимонів і діяльності мафії у 1800-ті тепер свідчить про те, що виникли злочинні угруповання для захисту виробників цитрусових і посередництва. Саме тоді спостерігалися безпрецедентний попит і обожнювання цих кислих ароматних фруктів.

Арканджело Димікота і його колеги в Королівському університеті Белфаста використовували первинні дані з комплексного опитування 1886 року щодо економічних і соціальних потужностей на Сицилії.

Цитрусові фрукти, такі як лимони, вирощували на острові Сицилія протягом століть, але без значних успіхів. Ситуацію кардинально змінив британський морський офіцер Джеймс Лінд. Він сприяв поширенню факту про те, що цитрусові можуть запобігти цинзі й вилікувати її. Результат — величезний попит на лимони: експорт збільшився з 1300 до понад 20 000 барелів лише за 25-річний період.

Ринок лихоманило від цін на цитруси. Дерева страждали від хвороб, плантації постійно обкрадали, але все одно займатися лимонами стало набагато вигідніше, ніж пшеницею або виноградом. А прибуток міг бути майже в 35 разів більшим, ніж у маслинних магнатів.

Ці умови, а також слабкий центральний уряд і недолугі дії правоохоронців наприкінці 1800-х призвели до створення мафіозних структур у регіоні. Аналіз учених показує (Dimico et al., 2017), що виробництво цитрусових — єдиний чинник, що є статистично значущим для пояснення, як мафіозні структури розквітли в містах та регіонах по всьому острову.

А от пояснити утворення структур **граната** (*Punica granatum*) навіть ще складніше, адже з його плодом узагалі коїться казна-що! З першого погляду він нагадує коробочку, тож деякі ботаніки цей фрукт так і класифікують, але його плід точно не можна назвати сухим! Іноді гранат зараховують до ягід, але між ним та помідором — прірва морфологічних відмінностей і товста стінка плоду, яка не притаманна ягодам.

У граната така складна будова плоду, що його виділяють в окремий тип — **гранатина**. Зовнішня його оболонка шкіряста й потужна, а під час дозрівання вона лускає неправильними тріщинами. Вміст фрукта під зав'язку набитий насінинами, які мають дуже дивні соковиті оболонки — це і є ота єдина їстівна частина плоду, яка, щоправда, найчастіше прямує в організм разом із кістлявим баластом.

Гранатовий сік досить кислий (pH 4,4), а високий вміст у ньому антоціанів та еллагітанінів легко може перетворити вашу улюблену футболку на домашню одежину, адже відіпрати плями від цієї субстанції складніше, ніж не порекомендувати цю книжку всім своїм друзям.

Сам гранат росте кущем або ж невеликим деревцем і може топтати ряст до 200 років. Рослина походить із теренів Ірану й Північної Індії. Почали його одомашнювати щонайменше за 5000 років до н. е., що надає *Punica granatum* статус одного з перших дерев, введених у культуру. Знахідки карбонізованих оболонок плоду починають з'являтися ще в ранню бронзову добу, коли гранат як поступово поширювався в Середземномор'ї, так і прямував далі на схід у бік Азії (Morton, 1987).

Міжконтинентальний стрибок рослині забезпечили іспанські й англійські колоністи. Саме завдяки їм ми зараз узимку смакуємо чудовими каліфорнійськими гранатами.

Окрім того, що цим фруктом можна псувати одяг ворогів, його ще можна активно використовувати на кухні. У Європі, Азії, а тепер ще й у Північній Америці дуже популярний саме його сік. Із цієї рослини виготовляють сироп гренадин, який додають у низку відомих коктейлів. До потрапляння в Іран помідорів у кожну другу страву тут додавали саме гранат, і суп не був винятком.

Насіння *Punica granatum* — завсідник страв пакистанської та індійської кухні. На Кавказі з нього роблять чудовий соус наршараб та не менш (а дуже навіть більш) чудове вино, національні запаси якого я, здається, знищив під час відвідин Вірменії у 2013 році.

Розділ 13

Розімни свої кістянки!

А тепер вишенька на нашому фруктовому тортику. І як ви помітили, ми не розглядаємо її в розділі ягід, бо насінин у неї аж одна штука, що характерно для окремого типу плоду — кістянок.

Вишня звичайна (*Prunus cerasus*) є гібридом між черешнею та вишнею кущовою. Схрещення відбулося чи то на території Іранського плато, чи то в Східній Європі, де обоє батьків собі цвітуть і пахнуть (Stocks, 2009).

З котрогось із цих місць дикі деревця та вишні взяли греки, які достеменно створювали садки для гудіння хрущів ще за 300 років до н. е.

У Великій Британії вирощування вишень стало популярним заняттям у XVI столітті, коли зафіксували десятки нових сортів. Слава до рослини на території США прийшла на століття пізніше, але краще так, ніж ніколи. До XIX століття в цій країні не виготовляли вишневого соку, а імпортували його

Коли твоя черешня виявилася вишнею

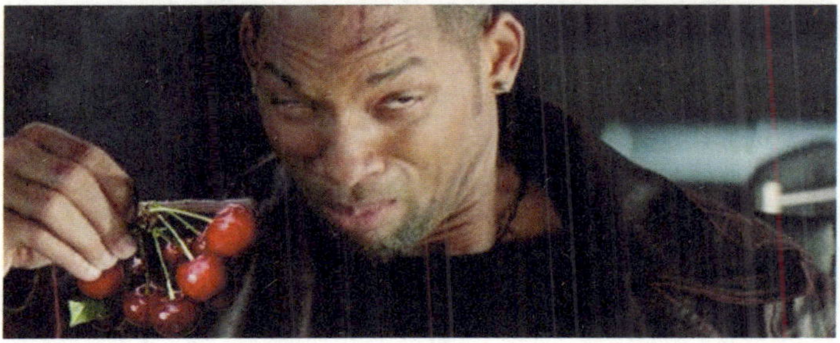

з Німеччини. Це був серйозний вибір справжнього гурмана, адже німці концентрати соку та й сам сік змішували з алкоголем, щоб не псувався.

Робити ж із вишні міцні та не дуже напої — це пристрасть багатьох країн, і тут ще не відомо, який рецепт кращий — бельгійського кріку чи вишняка твого дідуся.

Абрикоса (*Prunus armeniaca*) — це ще та кістянка. Вона старанно приховує таємницю свого походження. Її так давно вирощують на території Вірменії, що з'явилася думка про виникнення цього виду саме там. Але Микола Вавилов наполягав на тому, що ця рослина «була виготовлена в Китаї», тоді ж як Ентоні Гакслі коріння абрикоси занурював у благодатну землю Індії.

Вештання з військом дозволило Александрові Великому притягнути в Грецію чудовий гостинець. Римський генерал Лукул працював у конкурентній службі доставки абрикосів. В античні часи цей фрукт з'являється й у Персії, де його з ентузіазмом починають перетворювати на симпатичні мумії кураги.

Зараз абрикос — типовий космополіт, але він не «внєпалітіки», адже зберігає в серці своєї латинської назви присвяту Вірменії — *Prunus armeniaca*.

Насіння абрикоса використовується як замінник мигдалю, а італійський лікер амарето та печиво біскоті частіше навіть ароматизується абрикосом, ніж славетним родичем. Але ця сировина містить 0,3–0,05 % гідридів синильної кислоти, тому кілограмами лупити її точно не варто. Тут допомагає лише трішки гидотний смак — мінімальна смертельна доза міститься десь у 200 г продукту. Не знаю нікого, у кого смаки такі специфічні, щоб умолотити стільки. Однак неприємні симптоми отруєння будуть і за менших доз, а інтоксикація почнеться навіть без симптомів.

А от у висушених плодах зростає концентрація вітаміну А й калію. Велика кількість волокон у складі може допомогти під час приступу діареї, тому на десерт до вуличної шаурми варто взяти трохи кураги.

Якщо ви колись самостійно сушили ці плоди, то помічали, що їхній колір не такий привабливий, як на ринкових розкладках. Щоб зберегти яскравість, слід обробляти їх оксидом сульфуру, чому ж ви не здогадались?

З абрикосами пов'язаний цікавий забобон морських піхотинців США. Під час війни у В'єтнамі вважалося поганою прикметою їх їсти, особливо поблизу танків. Гадають, що корені цього кістянкового упередження сягають ще глибини Другої світової. Їх, як і Волдеморта, воліли не називати на ім'я, тож кликали «забороненими фруктами», «койками» чи «А-фруктами». А могли ж просто вживати подвійну латинську назву.

Розділ 14

Ну ти й супліддя собі відростив!

Деякі фрукти створюються на основі не єдиної квітки, а всього суцвіття. Так формуються великі й жахливі утворення рослин — супліддя. Хоча вони маленькі та милі, коли ми говоримо про **інжир** (*Ficus carica*).

Утворюються супліддя на невеликих деревах з дивними суцвіттями, які ще називають сиконіями. Складаються вони з розрослої м'ясистої суцвіттєніжки, що ховає від 50 до 7000 мініатюрних квіток.

Проникнути всередину цього закритого клубу може дуже мало істот. Коли в дерева дозріває пилок, вхід до сиконію стає не таким щільним, і туди можуть проникнути високоспеціалізовані оси *Blastophaga psenes*. Вони шукають суцвіття із жіночими та чоловічими квітками, які називають гермафродитними симоніями чи каприфігами.

У межах цих суцвіть самки повзають усередині, відкладаючи яйця й запилюючи жіночі квітки. Цим

Вона виготовляє для тебе інжир, а ти навіть не знаєш її ім'я

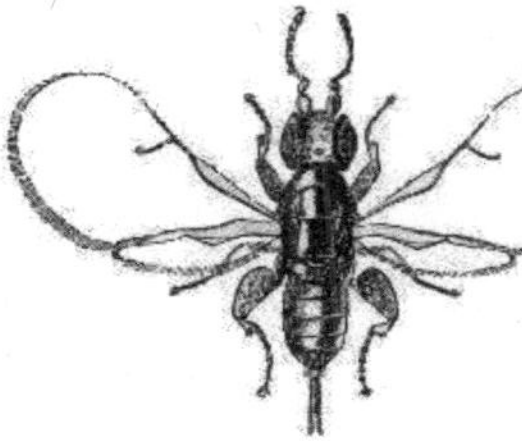

вони активовують розвиток насінин і галів, у яких розвиваються їхні личинки. Оси гинуть, але їхнє наступне покоління, яке твердо стає на свої членисті ноги всередині, використовує сиконій для спарювання, а також перемащується пилком чоловічих квіток, які розвиваються пізніше. Комахи прогризають собі шлях до зовнішнього світу. Самки шукають нові каприфіги, але ботаніки з них часто не дуже, і вони помиляються дверима, залітаючи в жіночі суцвіття. Таке «помилкове» запилення цих квіткових структур-амазонок і дає нам чудові плоди інжиру. Самка гине всередині, а її тіло розчиняють ферменти. Отака от вакханалія коїться в інжирі до того, як він потрапить на ваш стіл.

Через можливі залишки біологічних структур ці фрукти часто не вважаються веганським продуктом.

Далі сиконій трансформується в супліддя, яке складається з купи маленьких сухих плодів — горішків та м'ясистих стінок, які і є поживною частиною цього фрукта.

Інжир є одним з перших дерев, які почали одомашнювати люди. Рештки суплідь цієї рослини

було розкопано на археологічних стоянках на території сучасної Йорданії, які датуються 9400–9200 роками до н. е. (Kislev et al., 2006). Давні греки теж не гребували цими фруктами — про значні масштаби вирощування рослини зізналися у своїх працях і Теофраст, і Арістотель.

Звичайною їжею були такі супліддя і для римлян. Вони також згодовували інжир гусям, яких вирощували заради збільшених печінок — щось на кшталт фуа-гра. Першого римського імператора Августа отруїла його дружина Лівія, щедро намастивши фрукт отрутою. Цей факт було увіковічнено в популярному в пізніші часи сорті інжиру — Лівіана (сумнівний маркетинговий хід).

У XV столітті інжир уже вирощувався в багатьох частинах Європи й навіть потрапив у Новий світ. У 1769 році сорт Mission було посаджено в Каліфорнії, де він лишається популярним і зараз. Цьому сприяє його самозапильність.

Інжир — досить калорійне супліддя, багате харчовими волокнами, а от кількість білків і жирів тут мізерна.

І кілька слів про техніку безпеки. Будьте обережні з молочним соком рослини: якщо після потрапляння його на шкіру прийняти сонячні ванни, можна отримати фітодерматити. Це стається через фуранокумарини, основні з яких псорален і бергаптен. Але в супліддi цих сполук немає, тому можете сміливо виходити з ними на сонечко й насолоджуватися смаком інжиру, якщо ви не веган, звісно. Якщо веган — можете пошукати самозапильні сорти інжиру.

А завершимо наш фруктовий огляд супліддям, яке їсть вас, доки ви їсте його! **Ананас** (*Ananas comosus*) на дроті — зберігайте спокій і бережіть мікротріщинки своїх слизових оболонок!

Це ніяке не дерево й навіть не кущ, а трав'янистий багаторічник заввишки до 1,5 м. Квітки ананасів ваблять до себе колібрі, нічних кажанів, а також пензлики аграріїв, якщо ми говоримо про культурні форми. Після запилення до осі його суцвіття приростають зав'язі численних квіток і основи покривних листків. Усе це формує м'ясисту соковиту тканину, у якій складно зрозуміти, що до чого тут причепилося.

Щоб менше охочих намагалися розгадати цю загадку, ананас закриває її запоною із жорсткого панцира, який вибудовують верхівки покривних листків. У культизованих форм насіння найчастіше немає, а от нагорі зберігається точка росту у вигляді вкороченого пагона із зеленими листками. Саме його іноді вдається вкоренити, якщо, звісно, ваш ананас не лежав на прилавку магазину з кінця минулого тисячоліття.

Батьківщина таких рослин — Бразилія та Парагвай, але ацтеки й майя зробили все можливе, щоб розширити первинний ареал рослини. Першим європейцем, що відчув смак ананаса, був Христофор Колумб, який 4 листопада 1493 року вметегелив його у Гваделупі. Він привіз ананас в Іспанію та назвав сосною індіанців. Добре, хоч не радив вбирати іграшками на Новий рік.

Португальці в 1550 році здійснили трансфер ананасів на територію Індії, створивши новий потужний осередок їхнього вирощування. Європейці ж намагалися повторити цей трюк у себе вдома, але, зважаючи на вередливість рослини, вийшло не зовсім вдало навіть в умовах теплиці (їх за аналогією з оранжереями називали пайнеріями). В Англії виростити перший ананас вдалося в 1675 році, на честь чого Гендрік Данкерс намалював картину, де король Карл II ніби слухає освідчення дивного мужика з ананасом замість каблучки.

Дорожнеча ананасів призводила до того, що на модних вечірках тих часів у Європі їх не їли, а використовували як декор — причому стільки разів, скільки міг витримати сам фрукт, перш ніж переходив у стан гнилого шматка рослинних тканин.

Лише за кілька століть успіхи південно-східноазійських, африканських, центрально- та південноамериканських плантаторів перетворять ананас на продукт, яким навіть порочать піцу. Зараз світовим лідером з вирощування ананасів є Коста-Рика, де все поставлено на отримання значних прибутків за всяку ціну. Через це тут вноситься безпрецедентно багато пестицидів (20 кг на гектар у кожен цикл вирощування). Ці хімікати шкідливі не так для споживачів фруктів, як для робочих на плантаціях, біоріз-

«Карлові II дарують перший ананас, вирощений в Англії»
Гендріка Данкертса (1675)

номаніття і стану питних вод. Ну, й оплата за роботу на ананасових фермах ніяк не компенсує ризики розвитку серйозних захворювань. Саме тому вирощування ананасів називають однією з найменш екологічних практик сільського господарства у світі.

Це супліддя не тільки споживають сирим і кидають в різні десерти, а й дуже часто перетворюють на сік. Країни Європейського Союзу поглинають 50 % світового виробництва цього продукту.

Коли ви їли сирий ананас, то, можливо, помічали, що в кутиках рота починає щось щипати. То працювала речовина бромелаїн — суміш ферментів, які розщеплюють білок. Саме тому погана ідея кидати свіжий ананас у молочний коктейль — хіба що ви затятий фанат кисляку.

Частина третя

Фрукти + овочі = = любов

В останній частині цієї книжки ми зариваємо кухонний ніж війни у протистоянні фруктів та овочів, шматуємо яблуко розбрату на смузі й зізнаємося в коханні чудовим їстівним продуктам рослинного походження. Але щоб не ступити той метафоричний один крок від любові до ненависті, варто розібратися з павутиною міфів і легенд Давньої Греції щодо безпечності й корисності овочів та фруктів, допоки ці стереотипи не розібралися з нами.

Розділ 15

Про вітаміни, мікрохвильовку й сезонні овочі

Часто можна почути, що овочі та фрукти зараз не ті. Багато людей цілком серйозно вважають, що останній смачний помідор вони з'їли у 12 років, коли трава була зеленіша, асфальт асфальтнішим, а з неба падав пломбір зі смаком купчастих хмар.

Звісно, рослини змінюються. Зараз ми їмо не ті банани, які споживали люди в середині XX століття, бо це був зовсім інший сорт, який мав інакшу смакову гаму. Його припинили вирощувати через те, що він став нестійким до дії збудників хвороб. Цілком можливо, що з нинішнім найпопулярнішим типом жовтих фруктів — Кавендішем — доведеться розпрощатися в найближчі десятиліття.

Те, що смак помідорів, огірків, баклажанів змінюється, — це природно. Але загальний вміст поживних речовин у рослині лишається приблизно однаковим. На те, що є всередині продукту, більше впливає навіть не сорт, а випадкові умови вирощування. Це дуже залежить від ґрунту, але навіть не він головний у визначенні вмісту біологічно активних сполук. На кількість вітамінів більше впливає режим освітлення, зволоження і зберігання.

Візьмімо звичайнісіньку капусту. Вона суттєво втрачає вітаміни під час зберігання: 40 % вітаміну С, не прощаючись, зникає десь через три дні, якщо капуста полежить за температури 20°С. Якщо температура буде близько нуля, то аскорбінова кислота протримається добрячих три тижні. Відмінності в техніці вирощування чи назві сорту не дуже впливають на концентрацію корисної начинки рослинних продуктів. Тому навіть у разі вирощування в гідропонних системах, коли овочі/фрукти зростають у суміші води й інших розчинених мінеральних речовин, можна підібрати екологічні умови й концентрації добрив, за яких продукт буде цілком пристойним. Такий експеримент робили в умовах Антарктиди — і виростили прекрасні фрукти й овочі.

Одні продукти краще вживати сирими, інші — приготованими. А деякі — так і так. Якщо ми боремося за те, щоб у раціоні було багато водорозчинних вітамінів, які руйнуються під час термічної обробки, то, звісно, треба подумати, як це температурне втручання зменшити.

Наприклад, якщо ви полюєте за вітаміном С, то краще їсти салат із сирої капусти. Якщо ж вам потрібні жиророзчинні вітаміни, які там є, наприклад, вітаміни К, Е й А, то капусту корисніше потушкувати. Такі вітаміни краще засвоюються в нашому організмі саме після термічної обробки.

Те саме з каротиноїдами й лікопеном з помідора: якщо вам потрібні ці речовини, ліпше їсти не са-

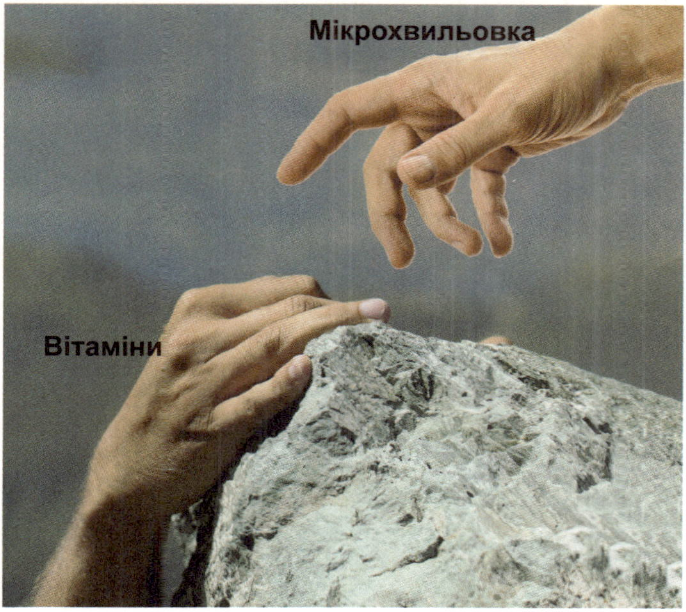

лат із сирої ягоди, а віддати перевагу перевареному помідору.

Існує безліч пересторог щодо приготування страв у мікрохвильовій печі. «Мертва їжа» — типовий епітет для цього способу куховаріння, який можна прочитати на безлічі сайтів-сміттярок. Але реальність руйнує всі забобони.

Учені провели цікавий експеримент з броколі. Дослідники намагалися зрозуміти, який метод термообробки найкраще зберігає корисні речовини цього овоча — варіння у воді, на пару чи приготування в мікрохвильовці. Найбільше вітамінів зберігалося в останньому випадку (Lee et al., 2017). Якось незручно вийшло!

Чи небезпечно їсти овочі та фрукти не в сезон? Серйозну загрозу для здоров'я становить бідний раціон. Так, несезонні овочі та фрукти можуть містити підвищенні дози нітратів, але загалом їхній рівень і шкода серйозно перебільшені. Про це вже багато хто говорить, але ще довго люди боятимуться ранніх кавунів і зимових огірків. Щоб отримати справді шкідливі концентрації нітратів, треба добряче налопатися огірків або, наприклад, поглинути 2 кг шпинату.

З'їсти взимку салат з помідора й огірка — чудова ідея, навіть якщо ці фрукти не пахнуть літом, навіть якщо попри все ви їх називаєте овочами.

Розділ 16

Органіка: тебе це може вбити

Багато людей полюють за «органічними» продуктами. Що ж, тут є невеликий сюрприз — цілком органічних овочів і фруктів не буває взагалі, хіба якщо виліпити їх з піску на пляжі. Вирощувати сільськогосподарські культури за допомогою традиційних технологій без використання добрив і пестицидів — це звучить як ідеальна стратегія. Але диявол криється в деталях. Навіть якщо він лежить на поличці з маркуванням Organic і завищеним цінником.

По-перше, навіть якщо фермери органічного господарства не застосовують пестициди, їх усе одно використовують на сусідньому. Доставка біогеохімічних циклів приносить їх в «органічні» продукти, незважаючи на земельні кадастри чи паркани. Приблизно 70 % «органічних» фруктів та овочів усе одно місять хімікати для боротьби з бур'янами. Проте, звісно, менше. Метааналіз 343 досліджень фітохімічного складу показав, що вирощені в органічних господарствах культури мають нижчі концентрації кадмію та пестицидів і на 17% вищі концентрації біологічно активних сполук (Baranski et al., 2014).

По-друге, на органічних фермах також дозволено використання хімікатів, але тільки хімікатів природного походження. Один з них — ротенон, який отримують із представників низки рослин родини Бобові й використовують в органічному землеробстві, — причетний до розвитку хвороби Паркінсона у працівників на фермах (Tanner et al., 2011).

По-третє, надмірне захоплення гноєм для удобрення полів на органічних господарствах час від часу призводить до спалахів епідемій харчових отруєнь, серед яких, напевно, найвідоміша ситуація 2011 року, коли на одній фермі мікрозелень заразилася штамом кишкової палички *Escherichia coli* O104:H4. Ця ситуація призвела до сварки між Німеччиною та Іспанією, оскільки німці спочатку запідозрили в отруєннях іспанські огірочки, а що

**Тільки рекламні агенти
зводять усе в абсолют**

найгірше — постраждало 3950 людей, з яких 53 померло.

Органічна продукція — це важливий погляд на вирощування фруктів та овочів, адже споживачі заслуговують безпечніших і смачніших продуктів. Але не варто зводити її в абсолют і вважати ідеальною.

Розділ 17

Не таке страшне ГМО, як його малюють

Ще одним джерелом холіварів, пов'язаних із фруктами й овочами, є ГМО. Звісно, це дуже підозріло, коли в якусь рослину запроторюють чужорідні гени. Конспірологія і сайти з гучними заголовками розцвітають на своїй жовчі щодо генетично-модифікованих організмів. Щоправда, науковці вважають інакше (Nicolia et al., 2013).

Модифіковані сільськогосподарські культури, які вийшли на ринок, не є небезпечнішими за традиційні сорти. Ба більше, вони перевірені значно ретельніше, а їхнє виведення ґрунтувалося не на випадковостях і методі проб та помилок, а на цілеспрямованій точковій зміні. Якщо смартфон заглючив, усе ж краще продіагностувати його та зробити ремонт, ніж бити по ньому молотком з надією, що допоможе. Але коли замість смартфона беруть рослини, багато людей із цим не погоджуються.

Проте, можливо, у майбутньому в нас не буде вибору й застосування біотехнологій стане єдиним шансом зберегти популярні культури. Якось ми вже були близькі до втрати одного смачнючого плоду.

Вірус кільцевої плямистості папаї викликав справжній хаос серед виробників цього чудового фрукта. У 1937 році він з'явився в Оаху — основній місцевості з культивування динного дерева на Гаваях. Хвороба не мала значного впливу на рослини, але мутація геному вірусу зробила його надзвичайно шкодочинним у 1950-му.

За 12 років епідемії кількість плантацій папаї зменшилася на 94 %. Було закладено нові господарства в регіоні Пуна, де запровадили суворий карантин, але в 1992-му вірус дістався й туди.

Протягом шестирічного періоду вся галузь зазнала значних збитків, рівень прибутків знизився вдвічі, а саме існування динного дерева як виду спинилося під загрозою.

Вірус кільцевої плямистості папаї — це вбивця. Заражені дерева ніколи не одужують. Маленькі комахи афіди, що харчуються листям папай, за кілька секунд здатні заразити нове дерево. Симптоми з'являлися через три тижні після зараження. Молоді саджанці швидко гинули, а на дорослих деревах формувалися жовте листя, деформовані маленькі плоди, а самі рослини були приречені на повільну загибель.

Ця проблема виявилася по зубах лише генетичній інженерії. Учені вивели сорт Rainbow, у геном якого вбудували фрагмент патогенного гену. Численні дослідження підтвердили безпечність цього сорту, і саме тому надія на збереження «фрукта, який їсть вас, доки ви їсте його» існує.

Зараз дедалі більше надій ми покладаємо на технології CRISPR-Cas9. Вони дозволяють без внесення чужорідного геному редагувати ДНК-інструкції організмів і робити це дуже точно. У світлі кліматичних змін, розвитку бактеріальних і вірусних захворювань, спалахів чисельності шкідників ця лабораторна іграшка може стати рятівним колом для багатьох інгредієнтів на нашому столі.

Зберігайте спокій, влаштовуйтеся зручніше, заварюйте чашку ботанічного чаю чи насипайте тарілку помідорного морозива й пишіть відгук про цю книжку в улюбленій соціальній мережі. Якщо ж такої немає, можете написати на паркані незаконної забудови.

Дякую, що мандрували кухнею разом зі мною, та до нових зустрічей!

Література

1. Askitopoulou H., Ramoutsaki I., Konsolaki E. (2002). "Archaeological evidence on the use of opium in the Minoan world". *International Congress Series*, 1242: 23–29. doi:10.1016/S0531–5131(02)00769–0.
2. Barański M., Srednicka-Tober D., Volakakis N., Seal C., Sanderson R., Stewart G. B., Benbrook C., Biavati B., Markellou E., Giotis C., Gromadzka-Ostrowska J., Rembiałkowska E., Skwarło-Sońta K., Tahvonen R., Janovská D., Niggli U., Nicot P., Leifert C. (2014). "Higher antioxidant and lower cadmium concentrations and lower incidence of pesticide residues in organically grown crops: a systematic literature review and meta-analyses". *The British Journal of Nutrition*, 112 (5): 1–18.
3. Bilgic H., Hakki E. E., Pandey A., Khan M. K., Akkaya M. S. (2016). Ancient DNA from 8400 Year-Old Çatalhöyük Wheat: Implications for the Origin of Neolithic Agriculture. PLOS ONE 11(3): e0151974. doi.org/10.1371/journal.pone.0151974.

4. Carolyn J., Cashew Industry. Encyclopedia of Latin American History and Culture, vol. 2, p. 5. New York: Charles Scribner's Sons, 1996.
5. Cato, De agricultura, CLVI, CLVII.
6. Christopher M. Richards, Gayle M. Volk, Ann A. Reilley, Adam D. Henk, Dale R. Lockwood, Patrick A. Reeves, Philip L. Forsline (2009). "Genetic diversity and population structure in Malus sieversii, a wild progenitor species of domesticated apple". *Tree Genetics & Genomes*, 5 (2): 339–347, doi:10.1007/s11295–008-0190–9.
7. Chu-Yu Ye, Wei Tang, Dongya Wu, Lei Jia, Jie Qiu, Meihong Chen, Lingfeng Mao, Feng Lin, Haiming Xu, Xiaoyue Yu, Yongliang Lu, Yonghong Wang, Kenneth M. Olsen, Michael P. Timkoand Longjiang Fan. Genomic evidence of human selection on Vavilovian mimicry. *Nature Ecology & Evolution*, 2019. DOI: 10.1038/s41559–019-0976–1.
8. Colledge, S. The origins and spread of domestic plants in southwest Asia and Europe. University College, London. Institute of Archaeology, 2007, p. 40.
9. Conedera, M. (2004). "The Cultivation of *Castanea sativa* (Mill.) in Europe, from its origin to its diffusion on a continental scale" (PDF). *Vegetation History and Archaeobotany*, 13 (3): 161–179. doi:10.1007/s00334–004-0038–7.
10. Cook, O. (1901). History of the Coconut Palm in America. Contributions from the National Herbarium. 7: 257–293.
11. Cubry P., Tranchant-Dubreuil C., Thuillet A.-C., Quibod I. L., Atieza-Grande G., Oreiro E. G. The Green Revolution shaped the population structure of the rice pathogen *Xanthomonas oryzae* pv. *oryzae*. ISME J 14, 492–505 (2020). doi.org/10.1038/s41396–019-0545–2.
12. Cubry P., Tranchant-Dubreuil C., Thuillet A.-C., Monat C., Ndjiondjop M.-N., Labadie K., Cruaud C., Engelen S., Scarcelli N., Rhone B. et al. (2018). The rise and fall of African rice cultivation revealed by analysis of 246 new genomes. Curr. Biol. 28, 2274–2282.
13. *Cucurbita pepo* L. — Kew Science, Plants of the World, Royal Botanic Garden, UK, 2018. Retrieved 8 December 2018.

14. Dalby, A. (2003). Food in the Ancient World from A to Z. *Psychology Press*, p. 75.
15. Decker-Walters, D. S; Wilkins-Ellert, M.; Chung, S.-M.; Staub, Jack E. (2004). Discovery and Genetic Assessment of Wild Bottle Gourd [Lagenaria Siceraria (Mol.) Standley; Cucurbitaceae] from Zimbabwe". *Economic Botany*, 58 (4): 501–8. doi:10.1663/0013–0001(2004)058.
16. Dicenta F., Ortega E., Martinez-Gomez P. (2007). "Use of recessive homozygous genotypes to assess genetic control of kernel bitterness in almond". *Euphytica*. Springer, 153 (1–2): 221–225. doi: 10.1007/s10681–006-9257–6.
17. Dillehay T. D. Earliest-known evidence of peanut, cotton and squash farming found. Eurekalert. 2007.
18. Dimico A., Isopi A., Olsson O. (2017). Origins of the Sicilian Mafia: The Market for Lemons. *The Journal of Economic History*, 77(4), 1083–1115. doi:10.1017/S002205071700078X.
19. Duvick D. N. The Contribution of Breeding to Yield Advances in maize (*Zea mays* L.) Adv. Agron. 86, 83–145 (2005). doi.org/10.1016/S0065–2113(05)86002-X.
20. Eastwood M. A., Nyhlin H. (1995). Beeturia and colonic oxalic acid. QJM: *An International Journal of Medicine*, 88 (10): 711–7. PMID 7493168.
21. Encyclopedia of Cultivated Plants: From Acacia to Zinnia. ABC-CLIO, 2013, p. 169. ISBN 978–1-59884–775-8.
22. Engber D. Who Will Debunk The Debunkers? By Filed under Scientific Method Published Apr. 28, 2016.
23. Erickson D. L., Smith B. D., Clarke A. C., Sandweiss D. H., Tuross N. (2005). An Asian origin for a 10,000-year-old domesticated plant in the Americas. *Proceedings of the National Academy of Sciences*, 102 (51): 18315–20. doi:10.1073/pnas.0509279102.
24. Fact sheet for health professionals: Vitamin A. Office of Dietary Supplements, National Institutes of Health. 3 June 2013. Archived from the original on 17 May 2008. Retrieved 8 April 2008.

25. Fragiska M. (2005). Wild and Cultivated Vegetables, Herbs and Spices in Greek Antiquity. *Environmental Archaeology* 10 (1): 73–82.
26. Gabay J. J., Sax N. I. Retention of radium due to ingestion of Brazil Nuts. *Health Physics* 16: 812–813; 1969.
27. Gunn B. F., Baudouin L., Olsen K. M., Ingvarsson P. K. (2011). Independent Origins of Cultivated Coconut (*Cocos nucifera* L.) in the Old World Tropics. PLOS ONE, 6 (6): e21143. doi:10.1371/journal.pone.0021143. PMC 3120816. PMID 21731660.
28. Hanelt P., Büttner R., Mansfeld R., Kilian R. (2001). Mansfeld's Encyclopedia of Agricultural and Horticultural Crops. Springer, pp. 235–241. ISBN 978–3-540–41017-1.
29. Hart G. (2005). The Routledge Dictionary of Egyptian Gods and Goddesses (2nd ed.). Routledge, p. 95. ISBN 1–134-28424–1.
30. Hazen J. Making Your Own Gourmet Mustards. Chronicle Books, 1993
31. Hedrén E., Diaz V., Svanburg U. (2002). Estimation of carotenoid accessibility from carrots determined by an in vitro digestion method. *European Journal of Clinical Nutrition*, 56 (5): 425–430. doi:10.1038/sj.ejcn.1601329. PMID 12001013.
32. Hemery G. E. (1998). Walnut seed-collecting expedition to Kyrgyzstan in Central Asia. *Quarterly Journal of Forestry*, 92 (2): 153–157.
33. Hill G., Langer R. H. M. (1991). Agricultural plants. Cambridge, UK: Cambridge University Press, pp. 197–199.
34. Hopf M., Zohary D. (2000). Domestication of plants in the old world: the origin and spread of cultivated plants in West Asia, Europe, and the Nile Valley. Oxford [Oxfordshire]: Oxford University Press, p. 200. ISBN 978–0-19–850356-9.
35. Iorizzo M., Senalik D. A., Ellison S. L., Grzebelus D., Cavagnaro P. F., Allender C., Brunet J., Spooner David M., Van Deynze Allen, Simon Philipp W. (2013). "Genetic structure and domestication of carrot (*Daucus carota*

subsp. *sativus*) (*Apiaceae*)". *American Journal of Botany*, 100 (5): 930–938. doi:10.3732/ajb.1300055. PMID 23594914.

36. Jeffrey L. Forgeng, Will McLean, Daily Life in Chaucer's England 2009, p. 298.
37. Katz, Solomon H.; Weaver, William Woys (2003). Encyclopedia of Food and Culture. 2. Scribner. ISBN 978–0-684–80565-8.
38. Kislev M. E., Hartmann A., Bar-Yosef O. Early domesticated Fig in the Jordan Valley Science, 312 (2006), pp. 1372–1374.
39. Kotton S., Hending D., Andrianiaina A., Maxfield P., Rakotomalala Z. Floral species richness, structural diversity and conservation value of vanilla agroecosystems in Madagascar. 2019. *Afr. Journ. of Ecology*. doi.org/10.1111/aje.12682.
40. Koerth-Baker M. (2013). The case of the poison potato. – E-Source: ttps://boingboing.net/2013/03/25
41. Krech III Shepard, Merchant Carolyn, McNeill John Robert, eds. (2004). Encyclopedia of World Environmental History. 3: O–Z, Index. Routledge, p. 1071. ISBN 978–0-415–93735-1.
42. Ladizinsky G. (1999). On the origin of almond. *Genetic Resources and Crop Evolution*, 46 (2): 143–147. doi:10.1023/A:1008690409554.
43. Lee S., Choi Y., Jeong H. S., Lee J., Sung J. Effect of different cooking methods on the content of vitamins and true retention in selected vegetables. *Food Sci Biotechnol*. 2017; 27(2):333–342. Published 2017 Dec 12. doi:10.1007/s10068–017-0281–1.
44. Lemmon Z. H., Reem N. T., Dalrymple J., et al. Rapid improvement of domestication traits in an orphan crop by genome editing. *Nat Plants*, 2018; 4(10): 766–770. doi:10.1038/s41477–018-0259-x
45. Li T., Yang X., Yu Y. Domestication of wild tomato is accelerated by genome editing. *Nat Biotechnol* 36, 1160–1163 (2018). doi.org/10.1038/nbt.4273.
46. Lipchock S. V., Mennella J. A., Spielman A. I., Reed D. R. (2013). "Human bitter perception correlates with bitter

receptor messenger RNA expression in taste cells". Am J Clin Nutr, 98 (4): 1136–43. doi:10.3945/ajcn.113.066688. PMC 3778862. PMID 24025627.

47. Maggioni L., Bothmer R., Poulsen G., Branca F. (2010) Origin and Domestication of Cole Crops (*Brassica oleracea* L.): Linguistic and Literary Considerations. *Economic Botany*, 64 (2): 109–123. doi:10.1007/s12231–010-9115–2.
48. Maguelonne T.-S., A History of Food, 2nd ed. 2009:38ff.
49. Mary Isin, Sherbet and Spice: The Complete Story of Turkish Sweets and Desserts, 2013, p. 146.
50. Matsuoka Y. Vigouroux Y., Goodman M. M., et al. (2002). "A single domestication for maize shown by multilocus microsatellite genotyping". *Proceedings of the National Academy of Sciences*, 99 (9): 6080–4. Bibcode:2002PNAS...99.6080M. doi:10.1073/pnas.052125199.
51. Mauseth James D. (2003). Botany: An Introduction to Plant Biology. Jones and Bartlett, pp. 271–72.
52. McLelland T. Spitfire: The Battle of Britain's Iconic Interceptor, Aeroplane Icons No. 14, Kelsey, 2013.
53. Miller DS, Brown MP, Howley PM, et al. (2012). Current and emerging immunotherapeutic approaches to treat and prevent peanut allergy. *Expert Rev Vaccines*, 11 (12): 1471–81. doi:10.1586/erv.12.119.
54. Moffat, A. (2005) Before Scotland: The Story of Scotland Before History. London. Thames & Hudson, pp. 91–2.
55. Moretzsohn M. C., Gouvea E. G., Inglis Peter W., Leal-Bertioli Soraya C. M., Valls José F. M., Bertioli David J. (2013). "A study of the relationships of cultivated peanut (*Arachis hypogaea*) and its most closely related wild species using intron sequences and microsatellite markers". *Annals of Botany* 111 (1): 113–126. doi:10.1093/aob/mcs237. ISSN 0305–7364. PMC 3523650. PMID 23131301.
56. Morton J. F. (1987). Pomegranate, Punica granatum L. Fruits of Warm Climates. Purdue New Crops Profile, pp. 352–5.
57. Nicolia A., Manzo A., Veronesi F., Rosellini D. (2013). An overview of the last 10 years of genetically engineered crop

safety research. *Critical Reviews in Biotechnology*, 34 (1): 77–88. doi:10.3109/07388551.2013.823595. PMID 24041244.

58. Ohnishi O., Matsuoka Y. (1996). "Search for the wild ancestor of buckwheat II. Taxonomy of *Fagopyrum* (*Polygonaceae*) species based on morphology, isozymes and cpDNA variability". *Genes and Genetic Systems*, 71 (6): 383–390. doi:10.1266/ggs.71.383.
59. Olivier F., Franc S., Yves V. The Rise and Fall of African Rice Cultivation Revealed by Analysis of 246 New Genomes DOI: doi.org/10.1016/j.cub.2018.05.066
60. Paris H. S. Origin and emergence of the sweet dessert watermelon, *Citrullus lanatus*. *Ann Bot*, 2015; 116(2): 133–148. doi:10.1093/aob/mcv077.
61. Pettit S. J., Japp A. G., Gardner R. S. (2012). The hazards of brussels sprouts consumption at Christmas. *The Medical Journal of Australia*, 197 (11): 661–662. doi:10.5694/mja12.11304.
62. Rolland J. L., Sherman C. (2006). The Food Encyclopedia. Toronto: Robert Rose, pp. 335–338.
63. Rottenberg A., Zohary D. (1996). The wild ancestry of the cultivated artichoke. Genet. Res. Crop Evol. 43, pp. 53–58.
64. Salaman, R. N. (1985). The history and social influence of the potato. 1915–2007. (Rev. impression ed.). Cambridge: Cambridge University Press. ISBN 978–0521077835. OCLC 11916882.
65. Scaglione D., Reyes-Chin-Wo S., Acquadro A., Froenicke L., Portis E., Beitel C., Tirone M., Mauro R., Lo M., Mauromicale G., Faccioli, P., Cattivelli L., Rieseberg L., Michelmore R., Lanteri S. (2016). The genome sequence of the outbreeding globe artichoke constructed de novo incorporating a phase-aware low-pass sequencing strategy of F1 progeny. *Scientific Reports*, 6 (1): 19427. doi:10.1038/srep19427. ISSN 2045–2322. PMC 4726258. PMID 26786968.
66. Schlegel, Rolf H. J. (2003). Encyclopedic Dictionary of Plant Breeding and Related Subjects. Haworth Press, p. 177.

67. Smith A. F. (1994). The Tomato in America: Early History, Culture, and Cookery. Columbia SC, US: University of South Carolina Press. ISBN 978–1-57003–000-0.
68. Stocks C. (2009). Britain's forgotten fruits. Flora. 1: 1–200.
69. Subbarao K. V., Koike Steven T. (2007). Lettuce Diseases: Ecology and Control. In Pimentel, David (ed.). Encyclopedia of Pest Management, Volume 2. CRC Press, p. 13. ISBN 978–1-4200–5361-6.
70. Tanner C. M., Kamel F., Ross G. W., Hoppin J. A., Goldman S. M., Korell M., Marras C., Bhudhikanok G. S., Kasten M., Chade Anabel R., Comyns K., Richards M. B., Meng C., Priestley B., Fernandez H. H., Cambi F., Umbach David M., Blair A., Sandler D. P, Langston J. W. (2011). Rotenone, Paraquat and Parkinson's Disease. *Environmental Health Perspectives*, 119 (6): 866–72. doi:10.1289/ehp.1002839. ISSN 0091–6765. PMC 3114824. PMID 21269927.
71. Transoceanic drift and the domestication of African bottle gourds in the Americas, Kistler et al., Proceedings of the National Academy of Sciences, February 10, 2014.
72. Uels et al., 2016. doi.org/btcs.
73. Vaughan D. A., Lu B., Tomooka N. (2008). The evolving story of rice evolution. *Plant Science*, 174 (4): 394–408. doi:10.1016/j.plantsci.2008.01.016.
74. Vogel H. (1979). A better way to construct the sunflower head. *Mathematical Biosciences*, 44 (3–4): 179–189. doi:10.1016/0025–5564(79)90080–4.
75. Walker A. R., Lee E., Bogs J., McDavid D. A. J., Thomas M. R., Robinson S. P. (2007). "White grapes arose through the mutation of two similar and adjacent regulatory genes". *The Plant Journal*, 49 (5): 772–785. doi:10.1111/j.1365–313X.2006.02997.x. PMID 17316172.
76. Weaver W. W. (1997). Heirloom Vegetable Gardening: A Master Gardener's Guide to Planting, Seed Saving and Cultural History. Henry Holt and Company.
77. Wheaton, B. K. (1996) Savoring the Past: the French kitchen and table from 1300 to 1789.

78. Wider B., Pittler M. H., Thompson-Coon J., Ernst E. (2013). Wider B. (ed.). "Artichoke leaf extract for treating hypercholesterolaemia". *Cochrane Database (Systematic review)*, 3 (3): CD003335. doi:10.1002/14651858.CD003335.pub3. PMID 23543518.
79. Wu G., Terol J., Ibanez V. et al. Genomics of the origin and evolution of Citrus. *Nature*, 554, 311–316 (2018). doi.org/10.1038/nature25447.
80. Ye M., Peng Z., Tang D. et al. Generation of self-compatible diploid potato by knockout of S-RNase. *Nature Plants* 4, 651–654 (2018). doi.org/10.1038/s41477–018-0218–6.
81. Zarrillo S., Gaikwad N., Lanaud C. et al. The use and domestication of *Theobroma cacao* during the mid-Holocene in the upper Amazon. Nat Ecol Evol 2, 1879–1888 (2018). doi.org/10.1038/s41559–018-0697-x.
82. Zeinalabedini M., Khayam-Nekoui M., Grigorian V., Gradziel T. M., Martínez-Gómez P. (2010). The origin and dissemination of the cultivated almond as determined by nuclear and chloroplast SSR marker analysis. *Scientia Horticulturae*, 125 (4): 593–601. doi:10.1016/j.scienta.2010.05.007.
83. Zohary D. and Hopf M. (2000) Domestication of Plants in the Old World, third edition, Oxford University Press, p. 193, ISBN 0–19-850357–1.
84. Zsögön A., Čermák T., Naves E. et al. De novo domestication of wild tomato using genome editing. *Nat Biotechnol* 36, 1211–1216 (2018). doi.org/10.1038/nbt.4272.
85. Ена А. В., Евсеенков П. Е. *Beta vulagaris* L. subsp. *maritima* (L.) Arcang. (*Chenopodiaceae*) — новый таксон для флоры Крыма // Укр. ботан. журн., 2010. 67 (5): 700–703.
86. Левина Р. Е. Морфология и экология плодов. — Наука. Ленингр. отд-ние, 1987. — 159 с.
87. Новіков А., Барабаш-Красни Б. Сучасна систематика рослин. Загальні питання: Навчальний посібник. — Львів: Ліга-Прес, 2015. — 686 с.
88. Шмальгаузен И. Ф. Флора средней и южной России, Крыма и Северного Кавказа. — К., 1897. — Т. 2. — XXX + + 752 с.

Список ілюстрацій

С. 25 Електронний ресурс: https://www.maxpixels.net/Beetroot-Vegetables-Colorful-Beets-Vitamins-3440339
Max Pixels www.maxpixels.net
Free stock photos, free for commercial use, no attribution required, Creative Commons CC0 licenses

С. 27 © zolakoma https://www.flickr.com/photos/zolakoma/2862898326/
Зображення Бога Міна в замку Карнак

С. 29 Листковий латук. — Електронний ресурс: https://www.publicdomainpictures.net/en/view-image.php?image=17254&picture=lettuce (зверху)
Ромен. Фото: Rainer Zenz
Електронний ресурс: https://en.wikipedia.org/wiki/Lettuce#/media/File:Romaine_lettuce.jpg (знизу)

С. 30 Айсберг
Маслоголовець
Селтук. Фото: Vmenkov. — Електронний ресурс: https://en.wikipedia.org/wiki/Lettuce#/media/File:Yangzhou_-_supermarket_-_woju_-_P1070028.JPG
Олійні сорти салату. — Електронний ресурс: https://en.wikipedia.org/wiki/Lettuce#/media/File:Lactuca_sativa_seeds.jpg

С. 32 Зображення: Tacuinum Sanitatis, Medieval Health Handbook, dated before 1400, based on observations of medical order detailing the most important aspects of food, beverages and clothing, Farmer in her orchard with a basket of spinach on her head, Miniature, Folio 27r. — Електронний ресурс: https://www.europeana.eu/en/item/2059502/data_foodanddrink_http___www_bildarchivaustria_at_Preview_18863860_jpg

С. 34 Кадр з мультфільму «Моряк Попай»

С. 37 Кадр із фільму «Месники: Громадянська війна», щит Капітана Америки замінено картоплиною

С. 43 Mr. Potato Head

С. 59 Каперси колючі. Otto Wilhelm Thomé (1840–1925) — Flora von Deutschland Österreich und der Schweiz

С. 60 Кадр із серіалу «Чорнобиль»

С. 61 Фото олив: Engin Akyurt з Pexels. Фото каперсів: Whitebox. — Електронний ресурс: https://en.wikipedia.org/wiki/Caper#/media/File:Capers_jar.jpg

С. 63 Фото: Invertzoo
Електронний ресурс: https://en.wikipedia.org/wiki/Roselle_(plant)#/media/File:Roselle_2,_Hibiscus_sabdariffa,_2014.JPG

С. 64 Credit: CC0 Public Domain
Електронний ресурс: https://medicalxpress.com/news/2018-11-food-popular-safety-limited.html

С. 66 Електронний ресурс: https://commons.wikimedia.org/wiki/File:Cucurbita-flowers-male-female.jpg

С. 67 Автор Marco Verch Professional Photographer. Електронний ресурс: https://www.flickr.com/photos/30478819@N08/39585455474

С. 71 Артишок. Фото автора

С. 72 «Паросткова броколі». — Електронний ресурс: https://commons.wikimedia.org/wiki/File:Sprouting_broccoli,_DeCicco_variety..jpg#/media/File:Sprouting_broccoli,_DeCicco_variety..jpg
Калабрійська броколі. — Електронний ресурс: https://uk.wikipedia.org/wiki/%D0%91%D1%80%D0%BE%D0%BA%D0%BE%D0%BB%D1%96#/media/%D0%A4%D0%B0%D0%B9%D0%BB:Broccoli2.jpg

С. 74 Цвітна капуста. — Електронний ресурс: https://en.wikipedia.org/wiki/Cauliflower#/media/File:7367-Brassica_oleracea_var._botrytis.JPG
NellieBly. — Електронний ресурс: https://en.wikipedia.org/wiki/Cauliflower#/media/File:Purplec.png
Електронний ресурс: https://uk.wikipedia.org/wiki/%D0%9A%D0%B0%D0%BF%D1%83%D1%81%D1%82%D0%B0_%D1%86%D0%B2%D1%96%D1%82%D0%B

С. 93 Ліве фото: Andrew Butko https://pl.wikipedia.org/wiki/Migda%C5%82owiec_pospolity#/media/Plik:Prunus_dulcis_fruit_(Ab_plant_67).jpg
Agnieszka Kwiecień, Nova. — Електронний ресурс: https://upload.wikimedia.org/wikipedia/commons/e/e2/Owoce_Migda%C5%82.jpg

С. 95 Кеш'ю. — Електронний ресурс: https://cutt.ly/QgIMEzP

С. 98 Кадр із фільму «Міцний горішок»

С. 100 Невідомий кіт в образі кота, Том Генкс в образі Фореста Гампа, Роберт Дауні-молодший в образі Тоні Старка, Леонардо Ді Капріо в образі себе, Кіану Рівз, який викрадає камеру папараці, Деніел Редкліфф, робот BB-8 із фільму «Зоряні війни», дівчинка в пальто з мему Chubby Bubbles Girl, кіт з мему Orvillevopter

С. 101 Жан-П'єр Луель. Ілюстрація до книжки Voyage pittoresque des Isles de Sicile, de Malte et de Lipari, 1782

С. 102 Гречка. Prof. Dr. Otto Wilhelm Thomé Flora von Deutschland, Österreich und der Schweiz 1885, Gera, Germany

С. 104 Кадр із фільму «Лице зі шрамом» з прифотошопленою гречкою

С. 106 Mark Nesbitt. — Електронний ресурс: https://upload.wikimedia.org/wikipedia/commons/5/5b/Naked_and_hulled_wheat.jpg

С. 107 Кадр з мультфільму «Історія іграшок»

С. 109 Теосинте і сучасна кукурудза. Credit: Nicolle Rager Fuller, National Science Foundation
Електронний ресурс: https://www.nsf.gov/news/mmg/media/images/corn-and-teosinte_h1.jpg

С. 111 Рис. — Електронний ресурс: https://img.webmd.com/dtmcms/live/webmd/consumer_assets/site_images/articles/health_tools/rice_the_essentials_slideshow/493ss_thinkstock_rf_rice_grains.jpg

С. 115 Рис і плоскуха. Фото: Nature Ecology & Evolution 2019

С. 147 Фото: 291Kent-Sister. — Електронний ресурс: http://giantwatermelongrowers.com/wow-logo-with-banner-adjusted/

С. 148 Жовтий кавун. — Електронний ресурс: https://upload.wikimedia.org/wikipedia/commons/thumb/a/a2/Citrullus_lanatus.jpg/1280px-Citrullus_lanatus.jpg
Безнасінний кавун. — Електронний ресурс: https://upload.wikimedia.org/wikipedia/commons/c/cc/Watermelon_seedless.jpg

С. 149 Кубічні кавуни. — Електронний ресурс: https://agri-gator.com.ua/2019/12/25/ukrainski-ahrarii-eksperymentuiut-z-vyroshchuvanniam-kvadratnykh-kavuniv/
Денсуке. — Електронний ресурс: https://commons.wikimedia.org/wiki/File:Densuke_watermelon.jpg

С. 153 Електронний ресурс: https://upload.wikimedia.org/wikipedia/commons/b/bd/Three_physalis_fruits.jpg

С. 158 Акорни. Фото: Forest & Kim Starr. — Електронний ресурс: https://upload.wikimedia.org/wikipedia/commons/thumb/b/b1/Starr_070730-7820_Cucurbita_pepo.jpg/1280px-Starr_070730-7820_Cucurbita_pepo.jpg

С. 159 Гарбуз. — Електронний ресурс: https://commons.wikimedia.org/wiki/File:FrenchMarketPumpkinsB.jpg
Патісон. Фото: Dmcdevit. — Електронний ресурс: https://upload.wikimedia.org/wikipedia/commons/b/b1/PetitPanSquash.jpg
Гарбуз-спагеті. Фото: Forest & Kim Starr
Електронний ресурс: https://commons.wikimedia.org/wiki/File:Starr_070730-7822_Cucurbita_pepo.jpg

С. 160 Кабачок, цукіні, декоративний гарбуз.
Мускатний гарбуз. Фото: George Chernilevsky
Електронний ресурс: https://commons.wikimedia.org/wiki/File:Cucurbita_moschata_Butternut_2012_G2.jpg

С. 161 Cucurbita maxima. Фото: David.politzer
Електронний ресурс: https://commons.wikimedia.org/wiki/File:3PumpkinsonPallets_F%2BS.jpg

Науково-популярне видання

Серія «Наукпоп»

Олексій Коваленко
Фрукти проти овочів
Чому кавун — не ягода, а томат — це фрукт

Головна редакторка *Ольга Дубчак*
Літературна редакторка *Юлія Літвицька*
Коректорка *Інна Іванюсь*
Верстальниця *Вікторія Шелест*
Дизайнер обкладинки *Володимир Гавриш*
Відповідальна за випуск *Ілона Замоцна*

Підписано до друку 25.01.2021
Формат 84×108/32
Цифрові шрифти Joanna Nova, Joanna Sans Nova

Друк офсетний.
Наклад 2500 прим.
Ум.-друк. арк. 5,6.
Зам. № 601715

Видавець: ТОВ «Віхола»,
вул. Ломоносова, буд. 46/1, офіс 897, м. Київ, 03189.
Свідоцтво про внесення до Державного
реєстру видавців ДК № 7116 від 29.07.2020.
www.vikhola.com

Віддруковано ТОВ «Конві Прінт»,
вул. Антона Цедіка, 12, м. Київ, 03680.
Свідоцтво ДК № 6115 від 29.03.2018.